深圳市水务工程
质量通病防治手册

深圳市水务工程质量安全监督站 等 编

中国水利水电出版社
www.waterpub.com.cn
·北京·

内 容 提 要

本书分为土石方工程、地基与基础工程、混凝土工程、钢筋工程、道路工程、管道工程、园林绿化工程、水工金属结构与机电安装工程8大部分，以典型施工工艺为基础，列举质量通病约160项。本书结合多年来质量监督过程中积累的质量病害案例和治理经验，以简明扼要、通俗易懂的语言，采用图文并茂方式表述质量通病类型及其防治措施，可供水务工程行业的施工、监理、建设等单位基层人员参考。

图书在版编目（CIP）数据

深圳市水务工程质量通病防治手册 / 深圳市水务工程质量安全监督站等编. —— 北京：中国水利水电出版社，2021.11
ISBN 978-7-5226-0075-8

Ⅰ. ①深… Ⅱ. ①深… Ⅲ. ①水利工程－工程质量－质量管理－深圳－手册 Ⅳ. ①TV512-62

中国版本图书馆CIP数据核字(2021)第210232号

书　　名	**深圳市水务工程质量通病防治手册** SHENZHEN SHI SHUIWU GONGCHENG ZHILIANG TONGBING FANGZHI SHOUCE
作　　者	深圳市水务工程质量安全监督站　等　编
出版发行	中国水利水电出版社 （北京市海淀区玉渊潭南路1号D座　100038） 网址：www.waterpub.com.cn E-mail：sales@waterpub.com.cn 电话：（010）68367658（营销中心）
经　　售	北京科水图书销售中心（零售） 电话：（010）88383994、63202643、68545874 全国各地新华书店和相关出版物销售网点
排　　版	中国水利水电出版社微机排版中心
印　　刷	天津嘉恒印务有限公司
规　　格	184mm×260mm　16开本　15.25印张　352千字
版　　次	2021年11月第1版　2021年11月第1次印刷
印　　数	0001—4000册
定　　价	75.00元

凡购买我社图书，如有缺页、倒页、脱页的，本社营销中心负责调换

版权所有·侵权必究

深圳市水务工程质量通病防治手册

主编单位： 深圳市水务工程质量安全监督站

参编单位： 湖南省水利水电勘测设计规划研究总院有限公司

　　　　　　深圳市深水水务咨询有限公司

　　　　　　深圳市广汇源水利建筑工程有限公司

主　　编： 刘望根

副 主 编： 刘　沅　金可礼　刘清波　吴红军　王春华

编　　写： 周水林　娄海升　吴松涛　魏兴增　王扬圣

　　　　　　颜建国　张　强　刘富达　倪盼盼　马一丹

　　　　　　张晓峰　谢穆武　吴　昊　李升起　喻济时

　　　　　　龚城域　黄源胜　何红斌　王代兵　陈新生

　　　　　　李　剑　胡　超　邓洪明　梁勋源　张开成

　　　　　　林秋展　邓远刚　梁其宇　李俊萱　常　月

前言

深圳市水务局历来十分重视水务工程建设质量，为深入贯彻落实深圳市委、市政府印发的《关于开展质量标准提升行动推动高质量发展的实施方案（2019—2022年）》（深发〔2019〕11号）要求，近年来相继出台了《关于深入推进水务工程高质量建设管理，打造水务精品工程的若干措施》《深圳市水务局水务工程2025高质量建设管理实施纲要》，多措并举、完善建设水务工程建设质量全过程控制体系，强化关键环节、关键工序的质量控制，以促进全市水务工程建设质量的持续提升，倾力打造水务行业优质工程和精品工程。

水务工程建设的长期实践表明，落实建设单位工程质量的首要责任，明确参建各方的主体责任，推行工程质量责任制，提升参建各方质量控制水平和质量管理人员的整体素质，是保障建设质量的重要举措。深圳水务工程建设过程中，部分项目也存在质量管理经验不足、合格技术工人紧缺等问题，导致部分水务工程出现管道变形及渗漏、基础和实体结构错位与裂缝、水工金属结构与机电设备故障等质量通病。为有效防范水务工程施工质量通病，深圳市水务工程质量安全监督站组织湖南省水利水电勘测设计规划研究总院有限公司、深圳市深水水务咨询有限公司和深圳市广汇源水利建筑工程有限公司等单位，结合多年来质量监督过程中积累的质量病害案例和治理经验，编写完成《深圳市水务工程质量通病防治手册》。

深圳市水务工程涉及水利工程、给水排水工程和环境工程等范畴，主要包括：水源工程、输水工程、供水工程，防洪防潮与排涝工程、市政排水工程，水质净化厂工程、再生水利用工程、淤泥污泥处理工程、水环境治理工程、水土保持工程及其附属建筑工程、道路交通和园林绿化等。本书分为土石方工程、地基与基础工程、混凝土工程、钢筋工程、道路工程、管道工程、园林绿化工程、水工金属结构与机电安装工程8大部分，以典型施工工艺为基础，列举质量通病约160项。

因时间仓促与技术水平有限，书中难免存在错漏和不妥之处，敬请同行多提宝贵意见，以便进一步修改、完善。

作者

2021年10月

目录

前言

第1章 土石方工程

- 1.1 土石方回填 ··· 1
  - 1.1.1 压实度不符合设计要求 ··· 1
  - 1.1.2 土料不符合设计及规范要求 ··· 3
  - 1.1.3 出现"弹簧土" ··· 4
  - 1.1.4 碾压面出现开裂 ··· 5
  - 1.1.5 每层虚铺厚度超过规范要求 ··· 6
- 1.2 边坡开挖与防护 ··· 8
  - 1.2.1 边坡坡率不符合设计要求 ··· 8
  - 1.2.2 坡面冲刷 ··· 9
- 1.3 砌体 ··· 10
  - 1.3.1 石料不符合标准要求 ··· 10
  - 1.3.2 砌石表面平整度不符合规范要求 ··· 11
  - 1.3.3 石笼网填充不符合规范要求 ··· 12
  - 1.3.4 石笼网网箱连接不符合规范要求 ··· 14
- 1.4 反滤、排水 ··· 15
  - 1.4.1 反滤效果不符合设计要求 ··· 15
  - 1.4.2 排水孔施工不符合设计要求 ··· 16
- 1.5 河道清淤 ··· 17
  - 1.5.1 挖槽边线偏离 ··· 17
  - 1.5.2 河底高程不符合设计要求 ··· 19
- 1.6 隧洞开挖与衬砌支护 ··· 20
  - 1.6.1 光爆效果差，超欠挖严重 ··· 20

     1.6.2 软弱围岩段开挖局部坍塌 …………………………………… 21
     1.6.3 初衬喷射混凝土不符合规范要求 …………………………… 22
     1.6.4 拱架安装不符合设计要求 …………………………………… 24
     1.6.5 混凝土衬砌与围岩脱空或充填不密实 ……………………… 26
     1.6.6 二衬回填灌浆不密实 ………………………………………… 27
     1.6.7 二衬混凝土厚度不够 ………………………………………… 28
     1.6.8 衬砌渗水 ……………………………………………………… 29
     1.6.9 盾构掘进轴线偏差 …………………………………………… 30
     1.6.10 泥水加压平衡盾构施工过程中地面冒浆 ………………… 32
     1.6.11 沿隧道轴线地层变形量过大 ……………………………… 33
     1.6.12 圆环管片环面不平整 ……………………………………… 34
     1.6.13 管片环面与隧道设计轴线不垂直 ………………………… 35
     1.6.14 圆环整环旋转 ……………………………………………… 37
     1.6.15 管片压浆孔及管片接缝渗漏 ……………………………… 39

第2章 地基与基础工程

2.1 天然基础、基坑 ……………………………………………………… 41
   2.1.1 天然地基承载力不足 ………………………………………… 41
   2.1.2 基坑积水 ……………………………………………………… 42
   2.1.3 降排水不当导致周边土体沉降、开裂 ……………………… 43
2.2 灌浆工程 ……………………………………………………………… 45
   2.2.1 浆液浓度不符合要求 ………………………………………… 45
   2.2.2 孔斜率超标 …………………………………………………… 46
   2.2.3 处理中断灌浆措施不当 ……………………………………… 49
   2.2.4 封孔不符合规范要求 ………………………………………… 50
   2.2.5 串浆、外漏 …………………………………………………… 51
2.3 水泥土搅拌桩 ………………………………………………………… 52
   2.3.1 水泥掺入量未达到设计要求、芯样完整性差 ……………… 52
   2.3.2 未经试桩确定施工工艺参数 ………………………………… 53
   2.3.3 桩体不均匀，抗压强度和地基承载力达不到设计要求 …… 54
2.4 锚杆（索） …………………………………………………………… 56

	2.4.1	注浆不饱满	56
	2.4.2	锚固端未保护	57
	2.4.3	锚杆锚固力差	58
	2.4.4	锚具夹片滑脱，失去锚固作用	60
	2.4.5	锚杆（索）张拉后应力损失过大	60
	2.4.6	锚索位置未准确定位	62
	2.4.7	锚索失效导致边坡失稳	63
2.5	预应力管桩	64
	2.5.1	沉桩过程中桩头破损	64
	2.5.2	沉桩深度达不到设计要求	66
	2.5.3	桩身断裂或倾斜	68
	2.5.4	接桩处松脱或开裂	70
2.6	高压旋喷桩	72
	2.6.1	断桩	72
	2.6.2	成桩不均匀	73
	2.6.3	桩间结合不密实	74
	2.6.4	桩体强度低	75
2.7	灌注桩	76
	2.7.1	桩孔偏斜	76
	2.7.2	孔底沉渣清理不到位	78
	2.7.3	灌注桩实际桩身长度、直径与设计要求不符	79
2.8	钢板桩	82
	2.8.1	钢板桩入土深度与设计不符	82
	2.8.2	钢板桩桩身偏斜	83
	2.8.3	钢板桩未咬合	84

第3章 混凝土工程

3.1	混凝土外观质量	86
	3.1.1	蜂窝	86
	3.1.2	麻面	88
	3.1.3	孔洞	90

3.1.4 烂根 ·· 91
　　　3.1.5 露筋 ·· 93
　　　3.1.6 缺棱掉角 ·· 94
　　　3.1.7 表面不平整 ·· 96
　　　3.1.8 错台 ·· 97
　　　3.1.9 挂帘 ·· 99
　　　3.1.10 混凝土表面裂缝 ·· 100
3.2 混凝土防渗墙 ··· 102
　　　3.2.1 导墙变形 ·· 102
　　　3.2.2 槽孔偏斜 ·· 104
　　　3.2.3 钢筋笼位置不符合要求 ·· 106
　　　3.2.4 墙体连接处渗漏 ·· 107
　　　3.2.5 槽底沉渣清理不到位 ·· 109
　　　3.2.6 防渗层断层、夹层 ·· 110
3.3 喷射混凝土 ··· 112
　　　3.3.1 土钉（锚杆）挂网不合格 ·· 112
　　　3.3.2 喷射混凝土厚度不合格 ·· 112
　　　3.3.3 喷射混凝土强度不合格 ·· 113
3.4 施工缝处理 ··· 114
　　　3.4.1 缝面处理不到位 ·· 114
　　　3.4.2 未按设计及规范要求设置施工缝 ······························ 115
3.5 预埋件制作与安装 ··· 117
　　　3.5.1 止水材料锈蚀或损坏 ·· 117
　　　3.5.2 止水错位变形 ·· 118
　　　3.5.3 未按设计要求进行预埋或预埋不及时 ······················ 119
　　　3.5.4 橡胶止水带搭接不符合设计要求 ······························ 120
　　　3.5.5 钢板、铜止水带连接焊缝长度不足，焊接质量差 ··· 121
3.6 预制混凝土构件制作与安装 ··· 122
　　　3.6.1 预制混凝土构件强度不满足设计要求 ······················ 122
　　　3.6.2 预制混凝土构件尺寸偏差过大 ·································· 123
　　　3.6.3 预制混凝土构件损坏 ·· 125

  3.6.4 预制混凝土构件变形 ·· 126

第4章 钢 筋 工 程

4.1 钢筋制作 ··· 128
  4.1.1 钢筋锈蚀、表面不洁净 ·· 128
  4.1.2 钢筋品种、强度等级混杂不清 ······································ 129
  4.1.3 箍筋弯钩形式不对、长度不足、弯起角度不符合要求 ······ 130
4.2 钢筋安装 ··· 131
  4.2.1 钢筋接头不符合规范要求 ·· 131
  4.2.2 钢筋绑扎漏绑、绑点不足 ·· 133
  4.2.3 钢筋连接时，搭接长度不足 ·· 134
  4.2.4 钢筋间、排距与设计要求不符 ······································ 135
  4.2.5 钢筋保护层厚度与设计要求不符 ·································· 137
  4.2.6 钢筋锚固设置与设计要求不符 ······································ 139
  4.2.7 预留钢筋未做防锈保护处理 ·· 140
  4.2.8 焊缝质量与设计、规范要求不符 ·································· 140
  4.2.9 套筒连接不符合规范要求 ·· 144

第5章 道 路 工 程

5.1 道路路基 ··· 146
  5.1.1 路基质量不符合设计要求 ·· 146
5.2 道路基层 ··· 148
  5.2.1 基层平整度较差 ·· 148
  5.2.2 混凝土稳定碎石基层摊铺时粗细料分离 ························ 149
  5.2.3 混凝土稳定碎石基层压实度未满足设计要求 ················ 150
  5.2.4 石灰土基层搅拌不均匀 ·· 152
  5.2.5 灰土过干或过湿碾压 ·· 153
5.3 道路面层 ··· 154
  5.3.1 沥青路面平整度差 ·· 154
  5.3.2 沥青路面接茬不平、路面有轮迹 ·································· 156
  5.3.3 混凝土路面平整度差 ·· 158

	5.3.4	路面混凝土板块裂缝 ………………………………………………	159
	5.3.5	新旧混凝土路面搭接不平顺 …………………………………	161
	5.3.6	纵横缝不顺直 ………………………………………………………	163
5.4	道路附属构筑物 ……………………………………………………………		164
	5.4.1	检查井变形、下沉，致使路面开裂 ……………………………	164
	5.4.2	雨水口砌体及圈梁偏位 ……………………………………………	165

第6章 管 道 工 程

6.1	管道沟槽开挖 ………………………………………………………………		168
	6.1.1	管网沟槽开挖基底不符合要求 ……………………………………	168
	6.1.2	沟槽断面不符合要求 ………………………………………………	169
6.2	管道基础 ……………………………………………………………………		170
	6.2.1	管网沟槽槽底泡水 …………………………………………………	170
6.3	管道铺设 ……………………………………………………………………		171
	6.3.1	混凝土管道变形 ……………………………………………………	171
	6.3.2	混凝土管道接口漏水 ………………………………………………	173
	6.3.3	PE管道变形 …………………………………………………………	176
	6.3.4	PE管道接口漏水 ……………………………………………………	177
	6.3.5	管道与井室接口漏水 ………………………………………………	179
6.4	管道回填 ……………………………………………………………………		181
	6.4.1	管道回填土土质不符合设计与规范要求 ………………………	181
	6.4.2	管道回填后发生沉降 ………………………………………………	182
6.5	管道附属构筑物 ……………………………………………………………		183
	6.5.1	支墩不符合设计规范要求 …………………………………………	183
	6.5.2	橡胶止水带安装不符合设计规范要求 …………………………	185
	6.5.3	预埋件（孔洞）安装不满足设计要求 …………………………	186
6.6	顶管 …………………………………………………………………………		187
	6.6.1	管道轴线偏差过大 …………………………………………………	187
	6.6.2	钢筋混凝土管道接口渗漏 …………………………………………	189
	6.6.3	钢筋混凝土管节裂缝 ………………………………………………	190
	6.6.4	地面沉降过大 ………………………………………………………	191

第7章 园林绿化工程

7.1 园林建（构）筑物 …………………………………………………… 192
- 7.1.1 饰面板材空鼓、不牢固、脱落 ………………………………… 192
- 7.1.2 饰面石材泛碱吐霜 ……………………………………………… 193
- 7.1.3 屋面渗漏 ………………………………………………………… 194
- 7.1.4 铺面板材或混凝土砖松动冒浆 ………………………………… 196
- 7.1.5 转角处侧缘石接缝未按弧形切割 ……………………………… 197
- 7.1.6 卵石园路中鹅卵石脱落 ………………………………………… 198
- 7.1.7 检查井与周边道路路面或绿地衔接不顺 ……………………… 199
- 7.1.8 墙面涂料脱落 …………………………………………………… 200

7.2 园林绿化栽植工程 …………………………………………………… 201
- 7.2.1 树穴不符合设计要求 …………………………………………… 201
- 7.2.2 种植土板结 ……………………………………………………… 202
- 7.2.3 种植的苗木歪斜 ………………………………………………… 203
- 7.2.4 坡地水土流失 …………………………………………………… 204
- 7.2.5 草坪表面不平整，雨后有积水 ………………………………… 205

7.3 园林照明 ……………………………………………………………… 206
- 7.3.1 灯具底座外露螺栓生锈 ………………………………………… 206
- 7.3.2 接地极电阻率不符合规范要求 ………………………………… 207

第8章 水工金属结构与机电安装工程

8.1 水工金属结构 ………………………………………………………… 209
- 8.1.1 闸门外观质量不满足质量要求 ………………………………… 209
- 8.1.2 水工金属结构焊接质量不符合规范要求 ……………………… 210
- 8.1.3 水工金属结构防腐质量不符合规范要求 ……………………… 213
- 8.1.4 平板闸门漏水超标 ……………………………………………… 215
- 8.1.5 闸门、拦污栅等埋件安装精度不符合要求 …………………… 217
- 8.1.6 双吊点启闭设备左右两侧不同步 ……………………………… 219

8.2 机电设备产品与安装质量 …………………………………………… 220
- 8.2.1 启闭机故障 ……………………………………………………… 220
- 8.2.2 液压启闭机油管管路安装偏差过大 …………………………… 222

	8.2.3 管道连接处漏水 ………………………………………… 224
8.3	**水机设备** ……………………………………………………… 226
	8.3.1 水泵外防腐涂层脱落、锈蚀等质量不合格现象 ………… 226
	8.3.2 水泵安装精度不达标，中心线偏差大 ………………… 227
	8.3.3 水泵运转存在异常声响、振动 ………………………… 228
	8.3.4 水泵叶片锈蚀、穿孔 …………………………………… 230

第1章 土石方工程

1.1 土石方回填

1.1.1 压实度不符合设计要求

通病描述	经检测，回填土压实度小于设计要求。
典型照片	  问题照片（压实度不符合设计要求）　　标准照片
原因分析	（1）土料含水量不符合要求。回填时土料含水量未控制在最优含水量±2%以内。 （2）摊铺作业不规范。未按照碾压试验方案确定的分层厚度进行摊铺，分层铺料过厚。 （3）碾压作业不规范。未按照碾压试验确定的工艺参数采用相应的碾压设备、碾压遍数。 （4）土料发生变化未及时调整碾压工艺。土料发生变化，未重新进行碾压试验确定相关工艺及参数。 （5）对于狭长地带、边角等部位漏压或压实不够。狭长地带、边角等部位，未按碾压试验方案采用针对性的设备、措施进行处理。
规范要求	《给水排水管道工程施工及验收规范》（GB 50268—2008） 4.5.7　回填作业每层土的压实遍数，按压实度要求、压实工具、虚铺

续表

规范要求	厚度和含水量，应经现场试验确定。 《堤防工程施工规范》（SL 260—2014） 8.2.3 压实作业应符合下列要求： 1 施工前应做碾压试验，确定碾压机具和施工参数，保障碾压质量达到设计要求，试验方法见附录B；若已有相似施工条件的碾压经验，也可参考使用。 4 机械碾压不到的部位，应辅以夯具夯实，夯实时采用连环套打法，夯迹双向套压，夯压夯1/3，行压行1/3；分段、分片夯实时，夯迹搭压宽度应不小于1/3夯径。 11.5.1 土料碾压筑堤质量控制应符合下列要求: 1 堤身填筑施工参数应与碾压试验参数相符。 《碾压式土石坝施工规范》（DL/T 5129—2013） 6.3.1 施工前应进行现场施工试验，确定施工工艺、优化设备配置、工艺流程及施工参数。 6.3.4 碾压试验应按附录A的规定对特殊性质土石料列出专项试验计划，在选定的试验场选择有代表性的坝料进行，宜取样复核物理力学性指标。 9.1.6 应逐层控制坝料质量，辅层厚度、洒水量、碾压遍数等施工参数，经取样检查合格后，进行下层填筑。 A.4.1 压实参数和试验组合 1 压实参数主要包括机械参数和施工参数，当压实设备定型后，机械参数已经确定。施工参数包括铺土厚度、碾压遍数、行车速度、含水控制标准以及石料的加水量等。 《建筑地基基础工程施工质量验收规范》（GB 50202—2018） 9.5.1 回填料应符合设计要求，并应确定回填料含水量控制范围、铺土厚度、压实遍数等施工参数。
标准工序	碾压试验方案→碾压试验→检测→确定参数→按确定的碾压试验工艺、参数组织施工→摊铺碾压。
预防措施	（1）试验确定施工控制指标。对料场土料进行物理学性能试验，并进行击实试验和现场碾压试验，确定土料的设计压实干密度作为施工的控制指标。 （2）控制土料指标。控制黏性土料的粘粒含量、含水率、土块直径；控制粒质黏土的粗粒含量、粗粒最大粒径。 （3）规范进行铺料、碾压作业。严格按碾压试验确定的施工参数进行铺料、碾压作业。

续表

预防措施	（4）调整碾压遍数和施工工艺。如土料、工艺或周边环境发生变化时，重新进行碾压试验确定相应参数、工艺。 （5）加强对狭长地带、边角等部位的针对性处理。根据碾压试验方案选择针对性机具，加强对狭长地带、边角等部位夯实处理。
处理措施	对不合格部位进行挖除，重新按碾压试验方案回填碾压。

1.1.2 土料不符合设计及规范要求

通病描述	施工过程中使用的土料与设计要求不符。
典型照片	  问题照片　　　　　　　　标准照片
原因分析	（1）土料加工不符合规范和施工方案要求，造成级配、含水率等指标不符合设计要求。 （2）回填前未按要求对土料进行检查检测。 （3）料区开采未将草皮、覆盖层等清除干净。
规范要求	《碾压式土石坝施工规范》（DL/T 5129—2013） 11.3　坝料质量控制 11.3.1　应以料场控制为主进行坝料质量控制，不合格材料应在料场处理合格后上坝。 11.3.2　应设置坝料质量控制站，按设计要求及有关规范进行质量控制。主要内容应符合以下规定： 1　料区开采符合规定，草皮、覆盖层等清除干净。 2　坝料开采、加工按规定进行。 3　坝料性质、级配、含水率符合设计要求。

续表

规范要求	《堤防工程施工规范》（SL 260—2014） 8.2.2 辅料作业应符合下列要求： 1 应按设计要求将土料铺至规定部位，不允许将砂砾（卵）料或其他透水料与黏性土料混杂，上堤土料的杂质应予清除。
标准工序	技术交底→取样→土工试验→回填料检查和验收。
预防措施	（1）土料的开采和加工。土料开采和加工需满足规范及施工方案要求。 （2）回填前检查检测土料质量。回填前应先对土料进行检测，符合设计要求方可投入使用。 （3）回填过程严格控制土料质量。杜绝施工过程中使用的土料与设计、经检测合格的土料不一致的现象，禁止人为更换或掺入其他回填料。
处理措施	（1）严控土料质量，不符合设计要求的土料不得用于回填施工。 （2）对于已经回填的，必须全部挖除处理并采用合格土料重新回填。

1.1.3 出现"弹簧土"

通病描述	土料在受碾压时，碾压处下陷，周边弹起。
典型照片	问题照片（周边弹起，压实度达不到要求） 标准照片
原因分析	（1）碾压时土料的含水量超过最优含水量较多，翻晒、拌合不均匀。 （2）土料物理力学性能达不到规范要求。 （3）碾压层下卧层过软，压实度不足，存在软弱层。
规范要求	《碾压式土石坝施工规范》（DL/T 5129—2013） 6.3.1 施工前应进行现场施工试验，确定施工工艺，优化设备配置、工艺流程及施工参数。 9.2.1 应遵循以下规定进行防渗土料的填筑：

1.1 土石方回填

续表

规范要求	6　防渗体填筑过程中出现"弹簧土"现象、层间光面、松土层、干土层、粗粒富集层或剪切破坏等，应处理合格后铺填新土。 A.4.1　压实参数和试验组合 1　压实参数主要包括机械参数和施工参数，当压实设备定型后，机械参数已经确定。施工参数包括铺土厚度、碾压遍数、行车速度、含水控制标准以及石料的加水量等。 《堤防工程施工规范》（SL 260—2014） 8.2.1　填筑作业应符合下列要求： 9　施工中若发现局部"弹簧土"、层间光面、层间中空、松土层或剪切破坏等现象时应及时处理，并经检验合格后方可铺填新土。 11.5.1　土料碾压筑堤质量控制应符合下列要求： 1　堤身填筑施工参数应与碾压试验参数相符。
标准工序	击实试验确定最优含水量→碾压试验确定施工参数→技术交底→现场填料取样检测→如不合格调整含水量→摊铺→碾压。
预防措施	（1）严格控制含水量。土料含水量应严格控制在击实试验确定的最优含水量范围之内。 （2）土料质量。采用透水性能较好、物理力学性能较好的土料进行回填。 （3）施工时应注意气象情况。摊铺后应及时碾压，避免摊铺后碾压前的间断期间遭雨袭击，造成含水量过高以致无法碾压或勉强碾压引起"弹簧"。
处理措施	（1）挖至"弹簧土"所处深度下200mm，晾干或掺白灰重填。 （2）更换含水量合格的土料进行分层回填夯实。

1.1.4　碾压面出现开裂

通病描述	碾压完成后，表面出现龟裂、裂缝。
典型照片	  问题照片　　　　　　　　　标准照片

（碾压完成后土体开裂）

续表

原因分析	（1）土料含有大量有机杂质或级配不均匀。 （2）土料含水量偏大，造成表面收缩裂缝；含水量偏小，碾压不密实，表面松散。 （3）基础不均匀沉降。
规范要求	《碾压式土石坝施工规范》（DL/T 5129—2013） 7.3.4　宜采用不同性质的材料掺和、剔除超径粒级材料或机械掺拌的工艺对工程特性和施工特性不能满足设计要求的土料进行加工；选择掺合工艺时，应简单可行、设备通用、费用低廉，可优先选用平铺立采法。 7.3.5　可采用坝面洒水或料场加水等措施对含水率偏低的防渗土料进行调整，含水率偏高时可采用翻晒、掺料等措施，应根据工艺试验成果确定含水率调整方法。 7.3.6　可在料场剔除碾压后仍不破碎的少量超径颗粒，数量较多时应通过筛选剔除。 《堤防工程施工规范》（SL 260—2014） 8.2.2　铺料作业应符合下列要求： 1　应按设计要求将土料铺至规定部位，不允许将砂砾（卵）料或其他透水料与黏性土料混杂，上堤土料中的杂质应予清除。 8.2.3　压实作业应符合下列要求： 5　砂砾（卵）料压实时，加水量宜通过碾压试验确定；中细砂压实的洒水量，宜按最优含水量控制；压实作业宜用履带式拖拉机带平碾、振动碾或气胎碾施工。
标准工序	击实试验确定最优含水量→碾压试验确定施工参数→技术交底→现场填料取样检测→如不合格调整含水量→摊铺→碾压→碾压成品面保护（养护）。
预防措施	（1）使用符合要求的土料。选择符合设计要求和碾压试验方案确定的土料，不应含有大量有机杂质和大块等。 （2）检查土料含水量。回填前或雨后应检查土料的含水量，如土料含水量未控制在最优含水量 ±2% 以内，应进行处理。 （3）检测地基承载力（有设计要求时）。主体施工前，应按设计要求检测基础地基承载力，检测合格后，才能进行下一工序施工。
处理措施	清除开裂部位填料至合格回填面，采用合格填料分层回填夯实。

1.1.5　每层虚铺厚度超过规范要求

通病描述	土料未按规定的虚铺厚度进行回填，铺土厚度超过规范允许范围。

续表

典型照片	 问题照片	 标准照片
原因分析	（1）未及时采用定点测量方式控制铺土厚度。 （2）未及时平料，铺土厚度控制不准确。	

问题照片中标注："铺土厚度大于30cm，超过规范要求"

规范要求

《碾压式土石坝施工规范》（DL/T 5129—2013）

9.2.1 应遵循以下规定进行防渗土料的填筑：

1 应沿坝轴线方向铺筑防渗土料，铺土应及时，宜采用定点测量方式控制铺土厚度。

9.2.3 应遵循以下规定进行坝壳料的填筑：

1 坝壳料宜采用进占法卸料，推土机应及时平料，铺料厚度误差不宜超过碾压试验确定层厚的10%。

《堤防工程施工规范》（SL 260—2014）

8.2.2 铺料作业应符合下列要求：

3 铺料厚度和土块直径的限制尺寸，宜通过碾压试验确定；在缺乏试验资料时，可参照表8.2.2的规定取值。

表8.2.2　　　　　　铺料厚度和土块直径限制尺寸表

压实功能类型	压实机具种类	铺料厚度/cm	土块限制直径/cm
轻型	人工夯、机械夯	15～20	≤5
	5～10t平碾	20～25	≤8
	履带式推土机[a]	25～30	≤10
中型	12～15t平碾斗容2.5m³铲运机5～8t振动碾、加载气胎碾	25～30	≤10
重型	斗容大于7m³铲运机 10～16t振动碾	30～50	≤15

a：履带式推土机作为压实机具，仅适合砂砾（卵）料、少黏性土或黏性土低密度堤防填筑使用。

续表

标准工序	碾压试验确定虚铺厚度→技术交底→设置铺土厚度标杆或标墩 → 分层铺土→测量检查虚铺厚度。
预防措施	应及时采用定点测量方式控制铺土厚度。
处理措施	清除超出碾压试验方案规定虚铺厚度的部分。

1.2 边坡开挖与防护

1.2.1 边坡坡率不符合设计要求

通病描述	边坡实测坡率与设计要求不符。
典型照片	问题照片（设计坡比1:2 现场实测为1:1） 标准照片（设计坡比1:2 现场实测为1:2）
原因分析	（1）未严格进行定位，未按要求进行测量复测。 （2）开挖过程中未检查边坡位置，导致边坡部位超挖和欠挖。
规范要求	《水利工程质量检测技术规程》（SL 734—2016） 9.4.4 坡度的允许偏差应符合下列要求： 1 大坝、堤防、渠道等的边坡不能陡于设计值，陡于设计值为不合格。 2 过水建筑物的纵坡允许偏差为设计纵坡的 ±0.05。
标准工序	测量放线→土方开挖设计→土方开挖施工准备→分段分层开挖→修边和清底。
预防措施	（1）施工前进行测量放线，在坡顶和坡脚处设置明显标志和边线，并设专人检查。 （2）开挖过程中加强测量复测，进行严格定位防止边坡部位超挖和欠挖。
处理措施	对不符合要求的边坡，按设计坡度要求重新放线处理。

1.2.2 坡面冲刷

通病描述	水土保持措施落实不到位，造成雨水冲刷破坏边坡坡面，并冲走坡面表层土体。
典型照片	  问题照片（边坡表面防护不到位，被雨水冲刷严重）　　标准照片（边坡表面采用土工布覆盖）
原因分析	（1）未在坡顶设置排水措施，水流直接冲刷坡面，造成水土流失。 （2）边坡表面防护不到位，坡面较长，雨水汇流冲刷坡面。 （3）坡面碾压不到位，松散土体容易被雨水冲刷破坏。
规范要求	《水电水利工程边坡施工技术规范》（DL/T 5255—2010） 7.0.1　边坡施工前应按照设计文件要求和实际工程地质条件编制详细的排水施工规划。 7.0.2　应根据施工需要设置临时排水和截水设施。 7.0.4　边坡开挖前，应在开口线以外修建截水沟。 7.0.5　永久边坡面的坡脚、施工场地周边和道路两侧均应设置排水设施。
标准工序	土方开挖设计→测量放线→设置截、排水沟和反滤设施→土方开挖施工准备→雨前防护→分段分层开挖→坡面修整清底。
预防措施	（1）开挖前，应进行截、排水设施施工。 （2）防护紧跟开挖，随挖随护。 （3）大雨过后应及时组织人员排除积水。
处理措施	（1）素土帮宽。采用素土帮宽后，碾压夯实，并注意与原坡面衔接平顺。 （2）台阶法。修复时将原边坡挖成台阶，然后分层填筑夯实，并注意与原坡面衔接平顺，台阶开挖后采用小型机具进行分层填筑、分层夯实，分层压实厚度不超过 15cm。

1.3 砌体

1.3.1 石料不符合标准要求	
通病描述	石料形状、尺寸、块重不满足规范及设计要求；石料中夹杂风化料、砖块、泥块等建筑垃圾。
典型照片	  问题照片　　　　　　　　　　标准照片 （问题照片标注：砌体中夹杂风化料）
原因分析	（1）未对石料的形状、尺寸、块重等指标进行检查。 （2）砌筑过程中未清理石料中的风化料、砖块、泥块等。
规范要求	《堤防工程施工规范》（SL 260—2014） 5.1.3　土石混合堤、砌石墙（堤）以及混凝土墙（堤）施工所采用的石料和砂（砾）料质量，应符合 SL 251 的要求。 《水利水电工程天然建筑材料勘察规程》（SL 251—2015） 6.3.2　砌石料原岩的适用性应根据质量技术指标、设计要求及工程经验等进行综合评价，并宜符合下列规定： 　1　砌石料岩体结构面间距宜符合砌石块度和重量要求。 　2　质量技术指标宜符合表 6.3.2 的规定。 表 6.3.2　　砌石料原岩质量技术指标 | 序号	项目	指标	备注
---	---	---	---
1	饱和抗压强度	>30MPa	可视地域、设计要求调整
2	软化系数	>0.75	
3	吸水率	<10%	
4	冻融损失率（质量）	<1%	
5	干密度	>2.4g/cm^3	
6	硫酸盐及硫化物含量（换算成 SO$_3$）	<1%		

砌体 1.3

续表

标准工序	进场报验→材料表观检查→石料送检→冲洗、筛选后砌筑。
预防措施	（1）加强石料表观检查。 （2）砌筑前应对石料进行冲洗、筛选，清理石料中的风化料、砖块、泥块等建筑垃圾。
处理措施	（1）对不合格的石料要退场。 （2）对已采用不合格石料砌筑的砌体拆除、返工。

1.3.2 砌石表面平整度不符合规范要求

通病描述	砌石表面平整度量测结果超过规范允许偏差范围。
典型照片	  问题照片　　　　　　　标准照片
原因分析	（1）未对面石进行修整。 （2）施工过程中未及时对砌体表面平整度进行测量。
规范要求	《堤防工程施工规范》（SL 260—2014） 11.5.3　砌石墙（堤）质量控制应符合下列要求： 4　砌石墙（堤）外观质量检测要求，应按表 11.5.3 的规定执行。质量可疑处必测，测点宜加密。 表 11.5.3　　混凝土及砌石墙（堤）外观质量检测要求 <table><tr><th colspan="2">检查项目</th><th>允许偏差（mm）或规定要求</th><th>检查频率</th><th>检查方法</th></tr><tr><td rowspan="3">表面平整度</td><td>干砌石墙（堤）</td><td>50</td><td rowspan="3">每20延米测2点</td><td rowspan="3">用2m靠尺和钢板尺量</td></tr><tr><td>浆砌石墙（堤）</td><td>25</td></tr><tr><td>混凝土墙（堤）</td><td>10</td></tr></table>

续表

标准工序	挂线→按标准砌筑。
预防措施	（1）修整面石减小表面平整度偏差。 （2）施工过程中及时复核复查砌体表面平整度，出现偏差及时纠正。
处理措施	（1）调整。对局部平整度不符合要求的进行调整。 （2）拆除、重砌。表面严重凹凸不平影响外观时，拆除、重砌。

1.3.3 石笼网填充不符合规范要求

通病描述	石笼网填充材料、单箱重量、厚度不符合规范要求。
典型照片	  网箱未填满，空隙较多 问题照片　　　　　　　标准照片
原因分析	（1）进场时未对石笼网填充材料单块石粒径及中值粒径等指标进行检查。 （2）填充前未清理充填石料中含的风化石、水解石、碎石等不合格石料。 （3）填充时充填石料级配不合理，孔隙间未能用小块石嵌缝。
规范要求	《水利水电工程单元工程施工质量验收评定标准——堤防工程》（SL 634—2012） 8.0.3 不同防冲体制备施工质量标准见表 8.0.3-1 ～ 表 8.0.3-5。 表 8.0.3-2　　　　　石笼防冲体制备施工质量标准 | 项次	检验项目	质量要求	检验方法	检验数量
---	---	---	---	---
主控项目	钢筋（丝）笼目尺寸	不大于填充块石的最小块径	观察	全数检查
一般项目	防冲体体积	符合设计要求；允许偏差为 0 ～ +10%	检测		

续表

规范要求	《堤防工程施工规范》（SL 260—2014） 9.2.3　抛投石料、石笼、土工包、柴枕、六棱框架等护脚施工应符合下列要求： 4　抛投物料质量和数量除应满足设计要求外，还应符合下列要求： 1）应对运送石料船进行抽样称重检查，并确定合理的扣方率。 2）金属网笼中装填的石料应不小于网目尺寸。 《生态格网结构技术规程》（CECS 353:2013） 3.4.2　选择块石、卵石或混凝土块作为填充材料时，填料应具有耐久性好、不易碎、无风化迹象，填料的中值粒径宜介于 $1.0D \sim 2.0D$ 之间，不在外表面的填料可有15%的超出该范围。填充料宜进行级配实验分析，级配应合理，填充后生态格网结构的空隙率应小于30%。 9.2.2　填充材料应符合下列规定： 1　填充固滨笼的石料规格质量，应符合设计要求或本规程第3.4节的规定。 9.2.5　固滨笼应符合下列规定： 3　固滨笼质量检测的项目与标准应符合表9.2.5-2的规定。 表9.2.5-2　　　　　　固滨笼质量检测项目与标准 | 检测项目		允许偏差	检测方法
---	---	---	---
几何尺寸	长	±5%	用钢尺量，每20m测1点
	宽	±5%	用钢尺量，每20m测1点
	高	±5%	用钢尺量，每20m测1点
	网目尺寸（D值）	±5%	用钢尺量，每20m测1组（每组抽取10个网孔测量）
	网目尺寸（X值）	±10%	
标准工序	测量放线→网箱组装→网箱组间连接绑扎→石料填筑→封盖施工→验收。
预防措施	（1）加强原材料进场检验，拒收不合格的石料。 （2）填充前应对充填石料中含的风化石、水解石、碎石等不合格的石料进行筛选。 （3）填充过程中严格按设计要求均匀填充石料，块石孔隙间应采用小块石嵌缝。
处理措施	（1）对不合格的原材进行退场。 （2）对已采用不合格石料砌筑的石笼网返工处理。 （3）对块石充填过程中空隙，应用小石块进行充填，小块石应大于网眼。

1.3.4 石笼网网箱连接不符合规范要求

通病描述	石笼网网箱面未连接,绞边间距过大。
典型照片	  问题照片（绞边间距大，不符合规范）　　标准照片
原因分析	（1）石笼网片质量不合格，材料进场时未进行质量检验。 （2）未对石笼网网箱面进行连接。 （3）施工过程中未对绞边间距进行测量。
规范要求	《生态格网结构技术规程》（CECS 353:2013） 8.3.1　生态格网固滨挡墙施工应符合下列规定： 2　构成固滨笼的各种网片交接处绑扎，应符合下列要求： 1）间隔网与网身的四处交角各绑扎一道。 2）间隔网与网身交接处每间隔200mm～250mm处绑扎一道。 3　固滨笼组间连接绑扎，应符合下列要求： 1）相邻固滨笼组的上下四角各绑扎一道。 2）相邻固滨笼组的上下框线或折线，每间隔200mm～250mm绑扎一道。 3）相邻固滨笼组的网片结合面则每平方米绑扎2处。 4）在绑扎相邻边框线下角一道时，如下方有固滨笼组，应将下方固滨笼一并绑扎连成一体。 5）各层箱连接完成后，可用长6m以上的木杆或铁杆顺层箱边缘临时固定，保证箱体装料后边缘线顺直流畅。
标准工序	封盖→按间隔20～25cm单圈和双圈交替绞合。
预防措施	（1）加强原材料进场检验，拒收不合格的石笼网片。 （2）加强质量巡视检查，复核绞边间距，复查咬合质量。
处理措施	（1）对不合格破损的网箱进行更换处理。 （2）对未绞合的封盖应重新绞合加固。

1.4 反滤、排水

1.4.1 反滤效果不符合设计要求

通病描述	未设置反滤设施或不满足设计要求。
典型照片	  问题照片（无反滤设施）　　　标准照片
原因分析	（1）未按设计要求设置反滤体。 （2）反滤体设置不牢固、移位。 （3）反滤体材料不符合设计要求，封孔的材料粒径掺配比例不当，导致水流带杂质造成淤积堵塞，或反滤料施工时未清通排水孔。
规范要求	《碾压式土石坝设计规范》（SL 274—2020） 5.6.2　土质防渗体与坝壳、与坝基透水层之间以及下游渗流出逸处，应设置反滤层。 5.6.3　下游坝壳与坝基透水层接触区，与岩基中发育的断层破碎带、裂隙密集带接触部位，应设反滤层。土质防渗体分区坝的坝壳内不同性质的材料分区之间，宜满足反滤要求。防渗体下游和渗流出逸处的反滤层，在防渗体出现裂缝的情况下土颗粒不应被带出反滤层。 《小型水利水电工程碾压式土石坝设计规范》（SL 189—2013） 6.6.1　土质材料防渗体（包括心墙、斜墙、铺盖和截水槽等）与坝壳排水体或坝基透水层之间，以及下游渗流出逸处应满足反滤准则要求，如不满足，应设置反滤层。 6.6.2　坝壳与坝基之间，如不满足反滤准则要求，应设置反滤层。 《堤防工程设计规范》（GB 50286—2013） 7.6.5　砌石、混凝土等护坡与土体之间应设置垫层。垫层可采用砂、砾石或碎石、石渣和土工织物，砂石垫层厚度不应小于0.1m。风浪大的堤段的护坡垫层可适当加厚。 7.6.6　浆砌石、混凝土等护坡应设置排水孔，孔径可为50mm～100mm，孔距可为2m～3m，宜呈梅花形布置。浆砌石、混凝土护坡应设置变形缝。

续表

规范要求	《水工挡土墙设计规范》（SL 379—2007） 4.3.3 对透水地基，且墙前、墙后水位差较大时，挡土墙底板下宜设置垂直防渗体，墙前渗流出逸处应满足反滤要求。 4.3.7 当挡土墙墙前无水或水位较低而墙后水位较高时，可在墙体内埋设一定数量的排水管。排水管可沿墙体高度方向分排布置，排水管间距不宜大于3.0m。排水管宜采用直径50~80mm的管材，从墙后至墙前应设不小于3%的纵坡，排水管后应设级配良好的滤层及性能良好的集、排水体。 4.3.8 挡土墙墙后填土面应设置良好的地表排水设施。
标准工序	挡墙基础开挖→钢筋绑扎、模板安装、排水管预埋→混凝土浇筑→按设计要求设置反滤体→土方回填。
预防措施	（1）施工作业前做好技术交底，要求按图施工。 （2）加强回填过程中对反滤体的保护。 （3）按设计要求设置反滤体，并保证孔后反滤料级配符合要求。
处理措施	（1）对于已经回填土的，将反滤部位的土方开挖，设置好反滤设施后再分层回填压实。 （2）对于反滤体破坏的部分返工处理。

1.4.2 排水孔施工不符合设计要求

通病描述	部分排水孔安装埋设位置、孔间距与设计图纸要求不符。
典型照片	  问题照片（排水孔间距与设计不符，设计要求2m，现场部分间距4m）　　标准照片
原因分析	（1）排水孔未严格按设计要求放样定位，实际排水孔径、孔深、坡度等与设计不符。 （2）排水管固定不牢，浇筑时移位。

续表

规范要求	《碾压式土石坝施工规范》（DL/T 5129—2013） 9.6.5 坝内排水管路的地基应夯实，排水管材、管径、间距及排水管路纵坡应符合设计要求。排水管滤孔及接头部位应仔细铺设反滤层。 《堤防工程施工规范》（SL 260—2014） 11.5.6 滤层、排水工程质量控制，应重点检查下列内容： 4 排水减压沟应重点检查下列内容： 1）位置、断面、深度是否符合设计要求。
标准工序	放线定位→放置及固定排水管→主体结构施工→检查复核。
预防措施	（1）准确测量定位，对排水孔位置放样质量控制加强管理。 （2）应将排水管固定牢固，浇筑过程中加强排水管的保护，如有移位及时校正。
处理措施	按设计要求间距增设排水孔和反滤体。

1.5 河道清淤

1.5.1 挖槽边线偏离

通病描述	开挖部位偏离设计允许最大、最小值或设计预定开挖位置，断面中心线偏移超过允许值。
典型照片	问题照片（开挖部位偏离设计允许值） 标准照片
原因分析	（1）施工前未按河道设计坐标进行放线或放线不准确。 （2）施工过程中未认真记录或记录不翔实。 （3）未做到边施工边测量检查，未及时复核开挖后河道断面坐标。

续表

规范要求	**《疏浚与吹填工程技术规范》（SL 17—2014）** 6.3.3　疏浚工程应按下列规定进行施工： 1　断面中心线偏移不应大于 1.0m。 2　应以横断面为主进行检验测量，必要时可进行纵断面测量。横断面测量间距应与原始地形测量相一致，纵断面测量间距视河道宽度及工程重要性确定，可取横断面间距的 1～2 倍。纵、横断面边坡处测点间距宜为 2～5m，槽底范围内宜为 5～10m。横断面测量范围应符合 2.2.5 条的有关规定。监理单位复核检验测量点数：平行检测不应少于施工单位检测点数 5%；跟踪检测不应少于施工单位检测点数 10%。 3　断面开挖宽度和深度应符合设计要求，断面每边允许超宽值和测点允许超深值应符合表 6.3.3 的规定。 表 6.3.3　　　　计算及最大允许超宽、超深值　　　　单位：m | 类　别			计算及最大允许超宽值（每边）	计算超深值	最大允许超深值
---	---	---	---	---	---
绞吸式挖泥船	普通绞吸式	绞刀直径 <1.5m	0.5	0.3	0.4
		1.5～2.0m	1.0	0.3	0.5
		>2.0m	1.5	0.4	0.5
	斗轮式	斗轮直径 <1.5m	0.3	0.2	0.3
		1.5～2.4m	0.5	0.2	0.3
		>2.4m	1.0	0.3	0.4
链斗式挖泥船	斗容	≤0.5m³	1.0	0.2	0.3
		>0.5m³	1.5	0.3	0.4
抓斗式挖泥船	斗容	<2.0m³	0.5	0.3	0.4
		2.0～4.0m³	1.0	0.4	0.6
		>4.0m³	1.5	0.5	0.8
铲扬式挖泥船	斗容	≤2.0m³	1.0	0.3	0.4
		>2.0m³	1.5	0.3	0.5
水力冲挖机组		不限	0.3	0.05	0.1
环保疏浚		不限	2.0	0.1	0.2	 4　水下断面边坡按台阶形开挖时，超欠比应控制在 1.0～1.5。
标准工序	工程导线测量、控制点设置→河道放样→河道清淤→轴线复测纠偏→完工测量。

河道清淤 1.5

续表

预防措施	（1）施工前严格按设计平面图进行放线并及时复核。 （2）施工过程中认真记录，及时复核复查纵断面、横断面。 （3）施工过程中做到边施工边测量检查，及时复核开挖后河道断面坐标。
处理措施	按设计平面、纵横断面图测量放线、开挖、清淤。

1.5.2 河底高程不符合设计要求

通病描述	疏浚底部时未达到设计河底高程，存在局部超挖、欠挖情况。
典型照片	  问题照片（河底疏浚出现超挖、欠挖） 标准照片（河底疏浚达到设计高程）
原因分析	（1）施工前未按设计标高进行放样。 （2）未落实边施工边测量检查，未及时复核清淤后河底高程。
规范要求	《疏浚与吹填工程技术规范》（SL 17—2014） 6.3.3 疏浚工程应按下列规定进行施工： 5 局部欠挖如超出下列规定时，应进行返工处理： 1）欠挖厚度小于设计水深的5%，且不大于0.3m。 2）横向浅埂长度小于设计底宽的5%，且不大于2.0m。 3）纵向浅埂长度小于2.5m。 4）一般超挖面积不大于$5.0m^2$。
标准工序	原河床面施工前联合测量→清淤施工→施工自检→清淤后河底高程联合测量。
预防措施	（1）施工前严格按设计图纸进行放线并及时复核。 （2）施工过程中认真记录，及时复核复查纵断面、横断面、河底高程。

续表

处理措施	（1）欠挖情况的处理。 对清淤后联测发现的欠挖部位重新清淤至设计河底高程。 （2）超挖情况的处理。 对清淤后联测发现的超挖部位，按设计要求回填至设计河底高程。

1.6 隧洞开挖与衬砌支护

1.6.1 光爆效果差，超欠挖严重

通病描述	光爆效果差，开挖表面高低不一、不规则，未按照要求开挖线形成开挖面，超欠挖严重。
典型照片	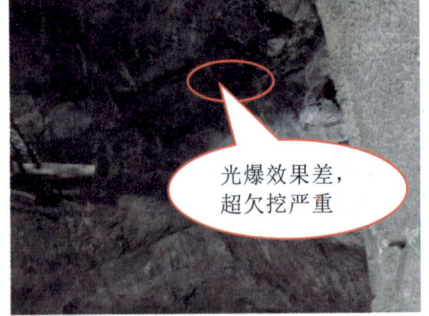  问题照片　　　　　　　　标准照片
原因分析	（1）未根据围岩情况的变化及时调整爆破参数。 （2）周边孔位不准确，外差角偏大或不一致。 （3）爆破时未按照钻爆设计的装药结构、装药量和导爆管的段数进行装药。 （4）技术人员测量放线不够准确。
规范要求	《水工建筑物地下开挖工程施工规范》（SL 378—2007） 5.1.6　一般情况下地下洞室不应欠挖，且应尽量减少超挖。其开挖半径的平均径向超挖值，平洞不应大于200mm，斜井、竖井不应大于250mm。 不良地质地段超挖值的控制标准，可由监理工程师组织相关人员商定后，报建设单位确定。
标准工序	放样布孔→钻孔→清孔→装药→联起爆网络→起爆→通风→光爆效果检查。

续表

预防措施	（1）根据不同的围岩制定相应的爆破方案，现场应根据爆破的实际效果及时对爆破方案进行适当的调整优化，增强光爆效果。 （2）根据测量情况画出开挖轮廓线，并对开挖断面进行复测。 （3）将有经验或司钻控制较好的开挖人员安排钻周边眼，周边眼影响开挖轮廓线，决定光爆效果。 （4）对易出现超欠挖部位分析原因，及时调整钻孔方向、部位及装药量。
处理措施	（1）欠挖。小型机械配合人工进行挖除。 （2）超挖。采用混凝土回填。

1.6.2 软弱围岩段开挖局部坍塌

通病描述	软弱围岩段开挖出现临近掌子面初衬裂缝错台松动、局部掉块或坍塌现象。
典型照片	  问题照片　　　　　　标准照片
原因分析	（1）未进行超前地质预报，对软弱围岩段未做预处理。 （2）未根据围岩变化调整支护形式，并及时完成支护。 （3）开挖循环进尺过长。
规范要求	《水工建筑物地下开挖工程施工规范》（SL 378—2007） 5.3.4　平洞开挖的循环进尺可根据围岩类别和施工机械等条件选用下列数值： 　1　Ⅰ～Ⅲ类围岩，采用手风钻造孔时，循环进尺宜为2.0～4.0m；采用液压单臂或多臂钻造孔时，循环进尺宜为3.0～5.0m。 　2　Ⅳ类围岩，循环进尺宜为1.0～2.0m。 　3　Ⅴ类围岩，循环进尺宜为0.5～1.0m。 　4　循环进尺时应根据监测结果进行调整。

续表

规范要求	5.7.7 稳定性极差的极软岩洞段，开挖前应进行超前支护，在超前支护的保护下进行开挖。
标准工序	超前支护→上台阶开挖→上台阶支护→下台阶开挖→下台阶支护→仰拱开挖支护→防水层施工→衬砌施工。
预防措施	（1）加强超前探测，制定相应的施工措施；特殊地段应采用多种探测相结合的方式进行相互验证探测。 （2）进行超前支护、初期支护，严格控制开挖循环进尺。 （3）做好监测工作，及时发现围岩变化，采取相应的措施防止塌方。
处理措施	（1）对坍塌部位及其周边增加支护措施。 （2）灌注混凝土回填塌腔。

1.6.3 初衬喷射混凝土不符合规范要求

通病描述	初衬混凝土脱层、隆起、平整度差，喷射回弹量大。
典型照片	  问题照片　　　　　　　标准照片
原因分析	（1）水泥、砂、石和外加剂等原材料不合格，拌和站未严格按照施工配合比拌料。 （2）喷混凝土前，未对欠挖断面按要求进行处理。 （3）未按要求清理待喷射面，如清除异物或引流渗水等。
规范要求	《水利水电工程锚喷支护技术规范》（SL 377—2007） 6.3.4 采用干喷法施工时，混合料的使用应遵守下列规定： 1 当使用的砂石料含水量小于4%时，速凝剂可在拌和时掺入。拌制好的混合料，应在20min内使用完毕。

续表

规范要求	2 当使用的砂石料含水量为4%～10%的湿料时,速凝剂加入后应立即喷射。 3 混合料宜随拌随用。不掺入速凝剂时,混合料存放时间不应超过2h。 6.3.5 采用湿喷法施工时,混合料的使用应遵守下列规定: 1 全部用水量一次与水泥、砂石拌和均匀,随拌随用。 2 若采用液态速凝剂时,拌料时应扣除这部分水量。速凝剂应在喷头输料管的适当部位加入。 3 喷射作业时混合料不得出现"离析"和"脉冲"现象。 6.4.3 严重漏水、渗水地段,喷射作业之前应按本规范4.1.16条的规定做好排水、治水工作。 6.5.3 喷射作业应遵守下列规定: 1 喷射作业应分段、分片依次进行,喷射顺序应自下而上。 2 素喷混凝土一次喷射厚度:掺速凝剂时不宜超过100mm;不掺速凝剂时不宜超过70mm。 3 分层喷射时,后一层喷射应在前一次喷射混凝土终凝后进行。若终凝1h后再次喷射时,应用风水清洗前一次喷层表面后再进行后一次喷射作业。 4 喷射作业紧跟工作面时,下一工作循环的放炮时间,应在前一循环喷射混凝土终凝3h后进行。 5 两次循环作业的喷射混凝土应有200mm搭接长度,搭接部位的起伏差应控制在允许范围之内。
标准工序	检查开挖断面尺寸,清除浮碴,清理受喷面→喷射混合料拌和→喷射混合料运输→初喷混凝土。
预防措施	(1)混凝土施工中严格控制水泥、砂、石和外加剂等原材料配合比。 (2)喷混凝土前清除松动岩石,清除受喷面浮渣杂物,对开挖断面进行检查,有欠挖及时处理到位。 (3)对滴水、淋水,集中出水点的受喷面采用凿槽、埋管等措施进行引导疏干处理。 (4)喷射前进行试喷,调节好风压与喷射距离之间关系,严格控制水灰比,喷上岩面的混凝土终凝后应呈湿润光泽,黏塑性好,无干斑或滑移流淌现象。 (5)当喷射混凝土较厚时,应分层喷射,分层厚度按设计而定,并满足规范要求。
处理措施	凿除不合格混凝土,清理后重新喷射。

1.6.4 拱架安装不符合设计要求

通病描述	拱架连接板焊接不牢,变形,架立间距较大。
典型照片	  问题照片（拱架脱焊变形）　　标准照片（拱架焊接牢固）
原因分析	（1）弧形钢拱架的弯曲设备对两端的弧度控制有偏差。 （2）拱架加工好未进行拼装检查。 （3）焊接不满足规范要求,焊缝不饱满,表面夹渣。 （4）拱架安装时偏离中心线。 （5）安装上部拱架时未控制好拱架角度、方向。
规范要求	《水利水电工程锚喷支护技术规范》（SL 377—2007） 7.2.2　钢拱架的架设应遵守下列规定： 1　对设计要求铺设钢拱架部位的岩体,应严格按设计要求的轮廓线开挖。 2　钢拱架应根据设计图纸并考虑可能发生的超挖在专门加工厂分3~4段制成半成品,运至施工现场快速拼装。分段制作的半成品钢拱架,应能适应地下洞室可能发生的断面尺寸的变化。 3　检查钢拱架制作质量是否符合设计要求。 4　钢拱架安装允许偏差：横向间距和高程为 ±50mm,垂直度为 ±2°。 5　钢拱架同壁面应紧密接触,与围岩的空隙应用喷射混凝土充填。 7.2.3　锚杆采用梅花形布置时,每榀钢拱架至少应与3根锚杆相连接。 《钢结构焊接规范》（GB 50661—2011） 8.2.1　焊缝外观质量应满足表 8.2.1 的规定。

续表

	表 8.2.1		焊缝外观质量要求	
	焊缝质量等级 检验项目	一级	二级	三级
规范要求	裂纹		不　允　许	
	未焊满	不允许	≤0.2mm+0.02t且≤1mm，每100mm长度焊缝内未焊满累积长度≤25mm	≤0.2mm+0.04t且≤2mm，每100mm长度焊缝内未焊满累积长度≤25mm
	根部收缩	不允许	≤0.2mm+0.02t且≤1mm，长度不限	≤0.2mm+0.04t且≤2mm，长度不限
	咬边	不允许	深度≤0.05t且≤0.5mm，连续长度≤100mm，且焊缝两侧咬边总长≤10%焊缝全长	深度≤0.1t且≤1mm，长度不限
	电弧擦伤	不允许	不允许	允许存在个别电弧擦伤
	接头不良	不允许	缺口深度≤0.05t且≤0.5mm，每1000mm长度焊缝内不得超过1处	缺口深度≤0.05t且≤0.5mm，每1000mm长度焊缝内不得超过1处
	表面气孔	不允许	不允许	每50mm长度焊缝内允许存在直径＜0.4t且≤3mm的气孔2个；孔距应≥6倍孔径
	表面夹渣	不允许	不允许	深≤0.2t，长≤0.5t且≤20mm
	注　t为母材厚度。			
标准工序	施工准备→下料→焊接→运输→安装→加固。			
预防措施	（1）拱架加工采用焊接加长后再弯曲施工，可有效避免设备影响。 （2）第一榀拱架加工好后，在加工厂拼装检查拱架尺寸是否达到要求，防止大量加工后尺寸不符，影响现场安装。 （3）焊接后应对焊缝进行检查，保证焊缝饱满，不能有虚渣。 （4）拱架安装时应保证拱架垂直于隧道中心线。 （5）安装上部拱架时应控制好拱架角度、方向。			
处理措施	（1）替换拱架，且应从大里程往小里程方向一榀一榀地由下向上采用风镐开槽、剔除侵限拱架，支立新拱架后再用风镐凿出拱架之间侵限喷射混凝土。 （2）严禁采用大面积爆破作业、一次处理多榀拱架、每次开槽处理两榀格栅拱架。 （3）处理过程中加强围岩监测，若围岩收敛、拱顶下沉出现突变应立即停止替换拱架施工，分析原因并立即采取处理措施。			

1.6.5 混凝土衬砌与围岩脱空或充填不密实

通病描述	单孔注浆或双孔连通试验检查未满足设计要求，检查孔岩芯结石不密实。
原因分析	（1）在围岩塌陷、溶洞、大的脱空区未预埋灌、排气管。 （2）钻孔未冲洗或冲洗不干净。 （3）孔位、孔距、孔序布置不当。 （4）灌浆方法、灌浆压力不当。 （5）灌浆材料、浆液配比不适宜。 （6）灌浆发生中断。 （7）浆液串、漏。 （8）混凝土衬砌变形或裂缝。
规范要求	《水工建筑物水泥灌浆施工技术规范》（SL/T 62—2020） 7.2.3 灌浆孔在素混凝土衬砌中宜采用直接钻设的方法；在钢筋混凝土衬砌中应采用从预埋导向管中钻孔的方法。钻孔孔径不宜小于38mm，孔深应钻透混凝土背后的空腔或进入围岩10cm，并应测记混凝土厚度和混凝土与围岩之间的空腔尺寸。 7.2.5 灌浆前应对衬砌混凝土的施工缝和混凝土缺陷等进行全面检查，对可能漏浆的部位应优先进行处理。
标准工序	测量放样→造孔→灌浆→封孔→检查孔→抹平验收。
预防措施	（1）围岩塌陷、溶洞、大脱空区部位应预埋灌、排气管，数量应不少于两根，其出口应在脱空区的最高处。 （2）钻孔完成后应进行钻孔清洗，冲净孔内岩粉、泥渣。 （3）回填灌浆孔应布置在顶拱中心角80°～100°范围之内。排距、孔距、孔数可根据洞径大小确定。 （4）灌浆施工应自较低的一端开始，逐步向高的一端推进。 （5）纯水泥浆液水灰比可为0.5∶1（或0.6∶1），对于空隙大的部位可灌注水泥砂浆或粉煤灰、石粉等其他灌注材料。 （6）灌浆发生中断时，宜在30min内恢复。恢复后注入率明显减少或不吸浆时，应对灌浆孔和串浆孔进行扫孔，扫孔合格后复灌。
处理措施	预埋灌、排气管，其出口应在脱空区的最高处，重新钻孔，完成后应进行钻孔清洗，冲净孔内岩粉、泥渣，然后按规范进行回填灌浆。

1.6.6 二衬回填灌浆不密实

通病描述	采用凿孔检验或地质雷达法等方法检测,衬砌背后存在空洞和不密实区。
典型照片	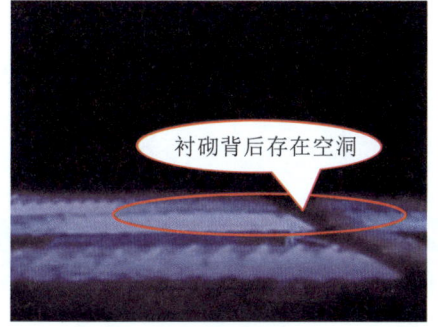  问题照片　　　　　　　　　标准照片
原因分析	(1)对超挖未按规范进行施工回填。 (2)拱顶灌注混凝土振捣不密实、不饱满。 (3)泵送混凝土在输送管远端由于压力损失、坡度等原因造成空洞。 (4)混凝土收缩产生缝隙。
规范要求	《水工隧洞设计规范》(SL 279—2016) 10.1.1 混凝土、钢筋混凝土衬砌及封堵体顶部(顶拱)与围岩之间,必须进行回填灌浆。 10.1.2 回填灌浆的范围、孔距、排距、灌浆压力及浆液浓度等,应根据隧洞的衬砌结构型式、运行条件及施工方法等分析确定。回填灌浆的范围宜为顶部或顶拱中心角90°~120°,其他部位视衬砌浇筑情况确定。孔距和排距宜为3~6m,灌浆压力混凝土衬砌可采用0.2~0.3MPa,钢筋混凝土衬砌可采用0.3~0.5MPa,灌浆孔应深入围岩0.1m以上。
标准工序	布设轨道→台车就位→基面处理→模板整修→混凝土浇筑→混凝土振捣→衬砌混凝土封顶→拆模→混凝土养护→回填灌浆。
预防措施	(1)土工布铺设时应紧贴初支面,松紧度适合。 (2)台车在拱顶部位前后各设一个泵送混凝土预留孔,当台车较长时可在中部再增加预留孔,防止隧道纵坡较大时浇筑混凝土不到位,衬砌施工后进行回填注浆。 (3)台车在边墙、拱腰部位安装附着式振捣器,同时在混凝土浇筑时台车两侧各配插入式振捣器,从预留窗口进行分层振捣。

续表

处理措施	（1）小范围内因超挖等造成的空洞，采用衬砌混凝土回填；对于因塌方造成的深陷坑，在二衬施工前采用坍方处理措施回填平顺。 （2）一般衬砌模板台车在拱顶部位前后各设一个泵送混凝土预留孔，如果模板台车较长，可在中部再增加预留孔，防止隧洞纵坡较大时浇筑混凝土不到位，衬砌施工后进行回填注浆。 （3）新式衬砌模板台车在边墙、拱腰部位均安装有附着式振捣器，同时在混凝土浇筑时台车两侧各配两台插入式振捣器，从台车预留窗口进行分层振捣，这些可有效解决振捣问题。

1.6.7 二衬混凝土厚度不够

通病描述	二衬的厚度不满足设计要求。
典型照片	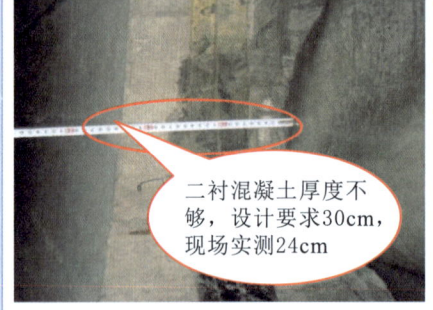  二衬混凝土厚度不够，设计要求30cm，现场实测24cm 问题照片　　　　　　　标准照片
原因分析	（1）开挖断面偏小或预留沉降量不足。 （2）对欠挖的部分没有进行处理。
规范要求	《水工建筑物地下开挖工程施工规范》（SL 378—2007） 　　5.1.6　一般情况下地下洞室不应欠挖，且应尽量减少超挖。其开挖半径的平均径向超挖值，平洞不应大于200mm；斜井、竖井不应大于250mm。 　　5.7.6　软岩或极软岩洞段开挖，应视围岩变形大小，在设计开挖线之外适当预留变形量。以保证永久衬砌结构的设计尺寸。
标准工序	布设轨道→台车就位→基面处理→模板整修→混凝土浇筑→混凝土振捣→衬砌混凝土封顶→拆模→混凝土养护。
预防措施	（1）二衬厚度必须要保证，在衬砌施工前要对初期支护断面进行检查，如有侵入，衬砌净空必须按规范要求进行处理。

续表

预防措施	（2）有些沉降量较大的隧道，在沉降观测时就要注意，如果设计预留的沉降量不满足要求，可根据实际情况适当放大预留量，但不能过大，防止造成人为超挖，浪费衬砌混凝土。
处理措施	测量确定不合格区域，拆除不合格区域混凝土，风镐拆除不合格衬砌并破除至设计开挖轮廓线，完善初期支护，修复防排水系统，二衬钢筋加强。

1.6.8 衬砌渗水

通病描述	衬砌渗水，表面见白色钙质物析出。
典型照片	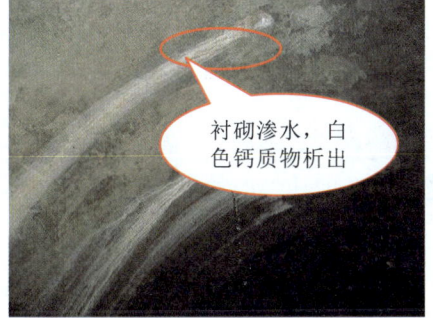  问题照片（衬砌渗水，白色钙质物析出）　　标准照片
原因分析	（1）排水、引水设施不完善。 （2）环向施工缝、沉降缝处理存在质量缺陷，止水带安设不规范。 （3）外侧防水施工不合格、防水卷材施工过程中破损。 （4）衬砌振捣不密实，存在孔洞或蜂窝。
规范要求	《水工混凝土施工规范》（SL 677—2014） 7.4.12 混凝土浇筑应保持连续性，并应遵守下列规定： 1 混凝土浇筑允许间歇时间应通过试验确定，无试验资料时可按表7.4.12控制。 表7.4.12　　混凝土浇筑允许间歇时间 | 混凝土浇筑时的气温（℃）	允许间歇时间（min）	
---	---	---
	普通硅酸盐水泥、中热硅酸盐水泥、硅酸盐水泥	低热矿渣硅酸盐水泥、矿渣硅酸盐水泥、火山灰质硅酸盐水泥
20~30	90	120
10~20	135	180
5~10	195	—	

续表

规范要求	2 因故中断且超过允许间歇时间，但混凝土尚能重塑者，可继续浇筑，否则应按施工缝处理。 7.4.13 混凝土振捣应遵守下列规定： 1 振捣设备的振捣能力与入仓强度、仓面大小等相适应，合理选择振捣设备。混凝土入仓后先平仓后振捣，不应以振捣代替平仓。 2 每一位置的振捣时间以混凝土粗骨料不再显著下沉，并开始泛浆为准，防止欠振、漏振或过振。 3 浇筑块第一层、卸料接触带和台阶边坡混凝土应加强振捣。 4 振捣作业时，振捣器棒头距模板的距离应不小于振捣器有效半径的1/2。振捣器不应直接碰撞模板、钢筋及预埋件等。 10.3.4 排水孔的孔口装置和排水管（道）的接头应按设计要求加工、安装，并进行防锈处理。孔口装置、接头和与基岩面的接触处应密合，接头密合连接前应将管（道）内清除干净，保证通畅，且安装牢固，不应有渗水。 11.4.4 混凝土拆模后，应检查其外观质量。有混凝土裂缝、蜂窝、麻面、错台和模板走样等质量问题或缺陷时应及时检查和处理。
标准工序	布设轨道→台车就位→基面处理→模板整修→混凝土浇筑→混凝土振捣→衬砌混凝土封顶→拆模→混凝土养护。
预防措施	（1）按设计要求保证盲管数量，局部段落渗水较大应增加盲管，保证排水效果。 （2）施工中做好施工缝、沉降缝防水，按设计、规范要求安装止水带。 （3）防水卷材施工之前，应清理施工表面杂物，施工完成后加强检查验收。 （4）衬砌混凝土应保证分层浇筑、分层振捣到位，保证混凝土衬砌密实，确保施工混凝土起到防水作用。
处理措施	在渗水处钻孔，采用化学注浆的方式处理。

1.6.9 盾构掘进轴线偏差

通病描述	盾构掘进过程中，盾构推进轴线过量偏离隧道设计轴线，影响成环管片的轴线。

续表

典型照片	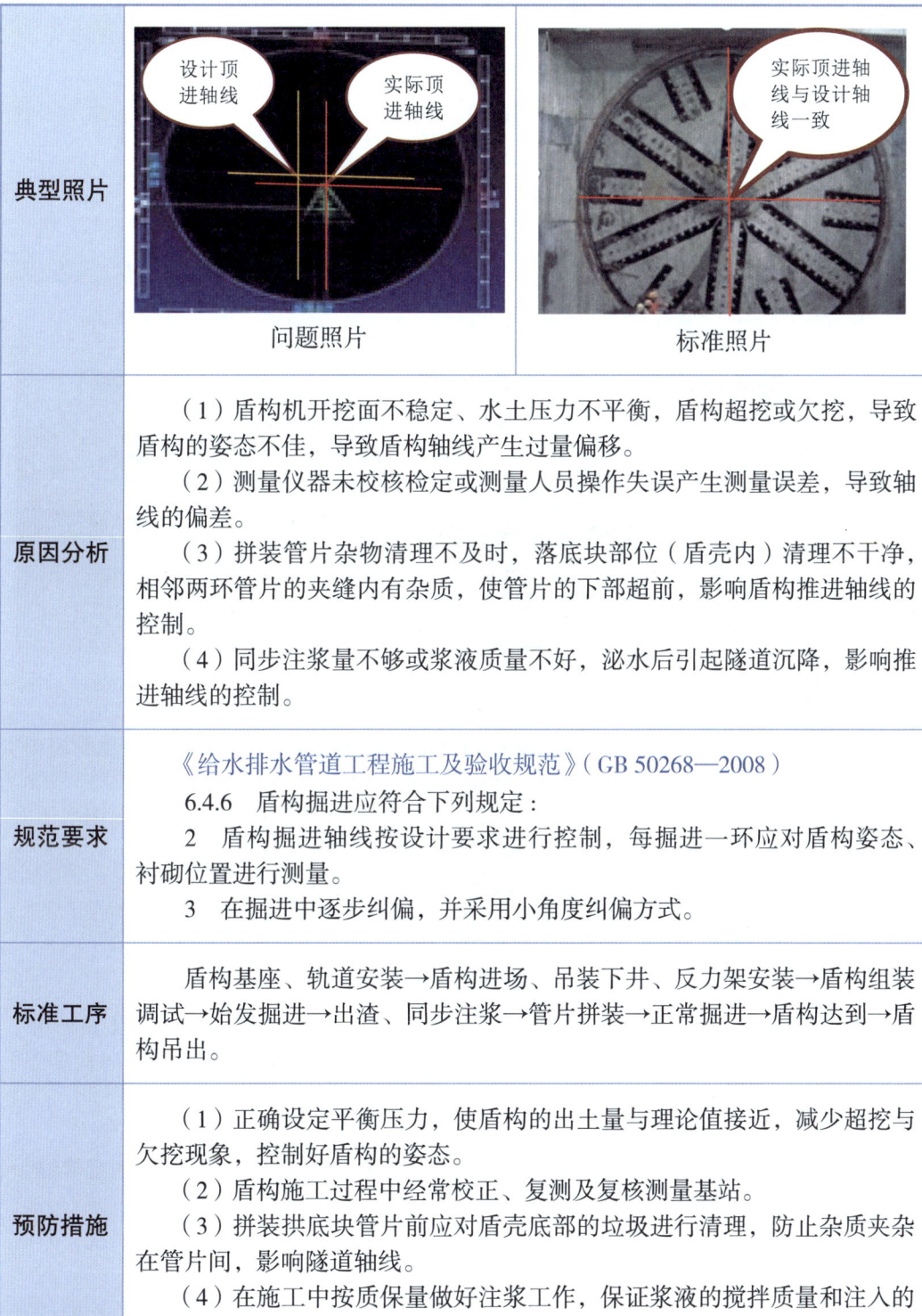 问题照片　　　　　　　　标准照片
原因分析	（1）盾构机开挖面不稳定、水土压力不平衡，盾构超挖或欠挖，导致盾构的姿态不佳，导致盾构轴线产生过量偏移。 （2）测量仪器未校核检定或测量人员操作失误产生测量误差，导致轴线的偏差。 （3）拼装管片杂物清理不及时，落底块部位（盾壳内）清理不干净，相邻两环管片的夹缝内有杂质，使管片的下部超前，影响盾构推进轴线的控制。 （4）同步注浆量不够或浆液质量不好，泌水后引起隧道沉降，影响推进轴线的控制。
规范要求	《给水排水管道工程施工及验收规范》（GB 50268—2008） 6.4.6　盾构掘进应符合下列规定： 2　盾构掘进轴线按设计要求进行控制，每掘进一环应对盾构姿态、衬砌位置进行测量。 3　在掘进中逐步纠偏，并采用小角度纠偏方式。
标准工序	盾构基座、轨道安装→盾构进场、吊装下井、反力架安装→盾构组装调试→始发掘进→出渣、同步注浆→管片拼装→正常掘进→盾构达到→盾构吊出。
预防措施	（1）正确设定平衡压力，使盾构的出土量与理论值接近，减少超挖与欠挖现象，控制好盾构的姿态。 （2）盾构施工过程中经常校正、复测及复核测量基站。 （3）拼装拱底块管片前应对盾壳底部的垃圾进行清理，防止杂质夹杂在管片间，影响隧道轴线。 （4）在施工中按质保量做好注浆工作，保证浆液的搅拌质量和注入的方量。

处理措施	（1）调整盾构的千斤顶编组或调整各区域油压，及时纠正盾构轴线。 （2）对开挖面做局部超挖，使盾构沿被超挖的一侧前进。 （3）盾构的轴线受到管片位置的阻碍不能进行纠偏时，采用楔子环管片调整环面与隧道设计轴线的垂直度，改善盾构后座面。

1.6.10 泥水加压平衡盾构施工过程中地面冒浆

通病描述	在泥水加压平衡盾构施工过程中，盾构切口前方地表出现冒浆。
典型照片	  问题照片　　　　　　标准照片
原因分析	（1）盾构过程中土层变化，盾构穿越土体发生突变（处于两层土断层中）或盾构覆土厚度过浅。 （2）盾构过程中泥水压力设定及泥水指标存在错误，开挖面泥水压力设定值过高，泥水指标不符合规定的指标。 （3）注浆压力变化，同步注浆压力过高或注浆量过大。
规范要求	《给水排水管道工程施工及验收规范》（GB 50268—2008） 6.4.6　盾构掘进应符合下列规定： 1　应根据盾构机类型采取相应的开挖面稳定方法，确保前土体稳定； 2　盾构掘进轴线按设计要求进行控制，每掘进一环应对盾构姿态、衬砌位置进行测量； 3　在掘进中逐步纠偏，并采用小角度纠偏方式； 4　根据地层情况、设计轴线、埋深、盾构机类型等因素确定推进千斤顶的编组； 5　根据地质、埋深、地面的建筑设施及地面的隆沉值等情况，及时调整盾构的施工参数和掘进速度； 6　掘进中遇有停止推进且间歇时间较长时，应采取维持开挖面稳定的措施。

续表

标准工序	盾构基座、轨道安装→盾构进场、吊装下井、反力架安装→盾构组装调试→始发掘进→出渣、同步注浆→管片拼装→正常掘进→盾构达到→盾构吊出。
预防措施	（1）在冒浆区适当用黏土覆盖。 （2）严格控制开挖面泥水指标，推进过程中要求手动控制开挖面泥水压力。 （3）在注浆管路中安装安全阀，控制同步注浆压力。
处理措施	（1）轻微冒浆。可在不降低开挖面泥水压力的情况下继续推进，适当加快推进速度，尽早穿越冒浆区。 （2）严重冒浆。应提高泥水密度和黏度，进行壁后注浆，地面可采用黏土覆盖。

1.6.11 沿隧道轴线地层变形量过大

通病描述	沿隧道轴线地层变形过大，引起地面建筑物及地下管线损坏。
典型照片	  问题照片　　　　　　　　标准照片
原因分析	（1）盾构掘进时未及时注浆或注浆强度达不到规范要求。 （2）盾尾密封效果不好，注浆压力偏高，浆液从盾尾渗入隧道，造成有效注浆量不足。 （3）盾构掘进时引发开挖面失稳、地下水位降低、推力过大、频繁纠偏。
规范要求	《给水排水管道工程施工及验收规范》（GB 50268—2008） 6.4.10 盾构法施工及环境保护的监控内容应包括：地表隆沉、管道轴线监测，以及地下管道保护、地面建（构）筑物变形的量测等。有特殊要求时还应进行管道结构内力、分层土体变位、孔隙水压力的测量。施工监测情况应及时反馈，并指导施工。

续表

标准工序	盾构基座、轨道安装→盾构进场、吊装下井、反力架安装→盾构组装调试→始发掘进→出渣、同步注浆→管片拼装→正常掘进→盾构达到→盾构吊出。
预防措施	（1）合理确定注浆量和注浆压力，及时、同步地进行注浆。 （2）推进时同时、均匀、经常地压注盾尾密封油脂，保证盾尾钢丝刷的使用功能。 （3）开挖面前保持开挖面土压（泥水压）平衡，控制盾构姿态，通过后尾部空隙注浆。
处理措施	（1）根据地面变形情况及时调整注浆量、注浆部位，对于沉降大的部位可采用补压浆的措施。 （2）损坏的盾尾进行更换，或采用在盾尾内垫海绵的方法对盾尾进行堵漏。 （3）由于注浆口离盾尾太近而引起盾尾漏浆，可采用从管片上进行壁后注浆的方法，减少浆液的渗漏。

1.6.12 圆环管片环面不平整

通病描述	同一环管片在拼装完成后迎千斤顶一侧环面不在同一平面上，不同块之间有凹凸现象，给下一环的拼装带来影响。导致环向螺栓穿进困难，并造成管片碎裂等问题。
典型照片	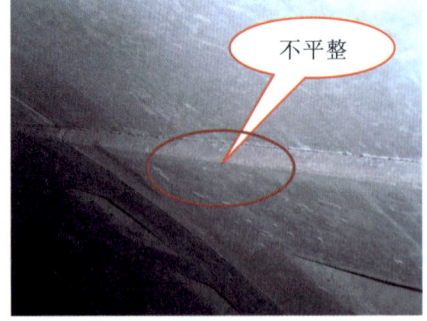  问题照片　　　　　　　　　　标准照片
原因分析	（1）管片制作质量把控不严，制作误差尺寸累计。 （2）拼装时管片间杂物未及时清理、螺栓未及时紧固。 （3）千斤顶的顶力不均匀，使环缝间的止水条压缩量不相同。

续表

原因分析	（4）止水条粘贴不牢，拼装时翻到槽外，使其与前一环的环面不密贴，引起该块管片凸出。 （5）纠偏楔子的粘贴部位、厚度不符合要求。
规范要求	《给水排水管道工程施工及验收规范》（GB 50268—2008） 6.4.2　钢筋混凝土管片生产应符合有关规范的规定和设计要求，并应符合下列规定： 　　1　模具、钢筋骨架按有关规定验收合格； 　　2　经过试验确定混凝土配合比，普通防水混凝土坍落度不宜大于70mm；水、水泥、外掺剂用量偏差应控制在 ±2%；粗、细骨料用量允许偏差应为 ±3%； 　　3　混凝土保护层厚度较大时，应设置防表面混凝土收缩的钢筋网片； 　　4　混凝土振捣密实，且不得碰钢模芯棒、钢筋、钢模及预埋件等；外弧面收水时应保证表面光洁、无明显收缩裂缝； 　　5　管片养护应根据具体情况选用蒸汽养护、水池养护或自然养护。 6.4.3　在脱模、吊运、堆放等过程中，应避免碰伤管片。 6.4.4　管片应按拼装顺序编号排列堆放。管片粘贴防水密封条前应将槽内清理干净；粘贴时应牢固、平整、严密，位置准确，不得有起鼓、超长和缺口等现象；粘贴后应采取防雨、防潮、防晒等措施。
标准工序	管片检查→管片安装→紧固螺栓→螺栓复紧。
预防措施	（1）拼装前检测前一环管片的环面情况，决定本环拼装时纠偏量及纠偏措施。 （2）清除环面和盾尾内的各种杂物，检查成环管片的环、纵向螺栓，及时拧紧及复紧。 （3）控制千斤顶顶力均匀。 （4）检查止水条的粘贴情况，保证止水条粘贴可靠。 （5）提高纠偏楔子的粘贴质量。
处理措施	对于已形成环面不平的管片，在下一环及时加贴楔子纠正环面，使环面平整。

1.6.13　管片环面与隧道设计轴线不垂直

通病描述	拼装完成后的管片迎千斤顶的一侧整环环面与盾构推进轴线垂直度偏差超出允许范围，造成下一环管片拼装困难，并影响到盾构推进轴线的控制。

续表

典型照片	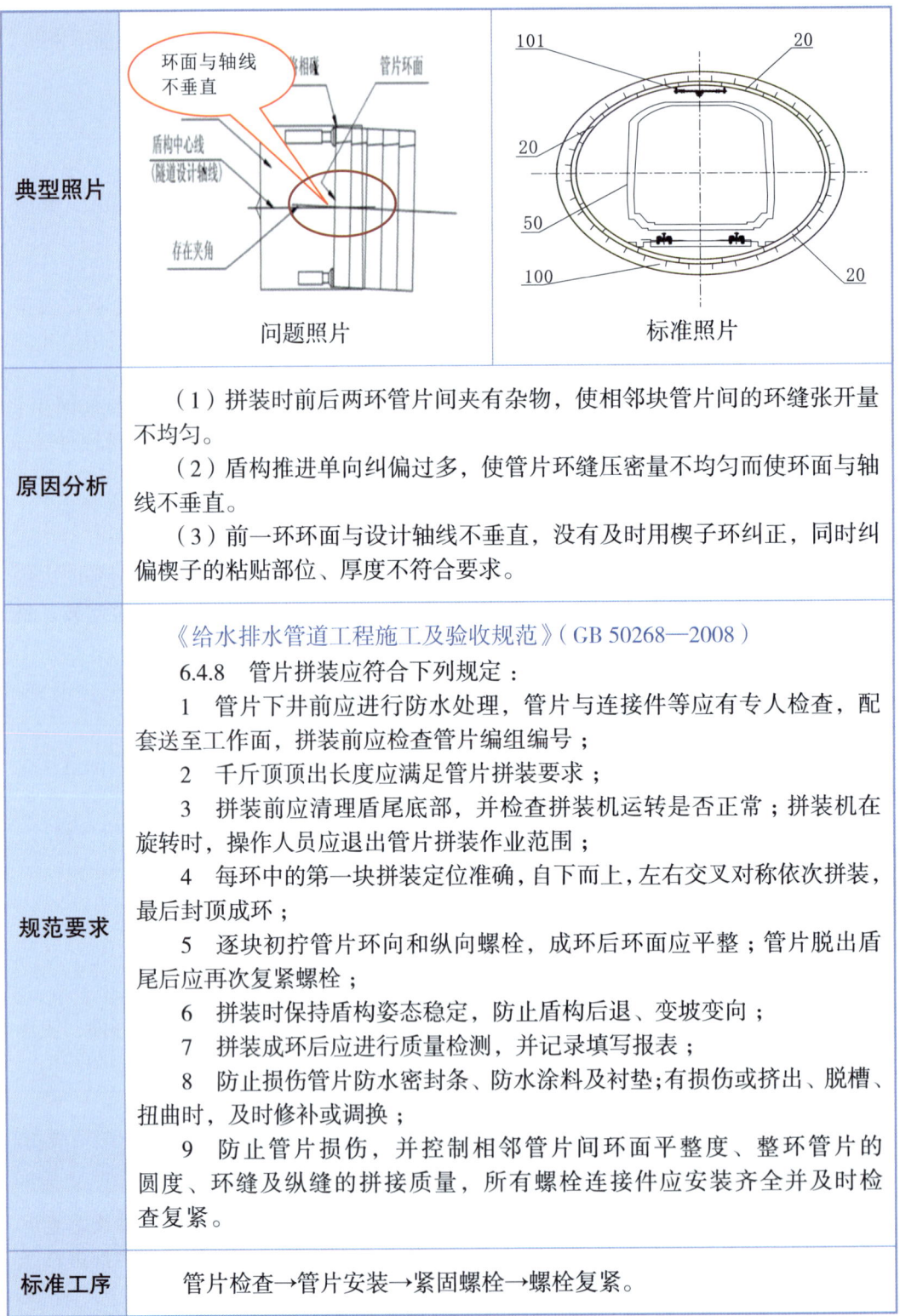 问题照片　　　　　标准照片
原因分析	（1）拼装时前后两环管片间夹有杂物，使相邻块管片间的环缝张开量不均匀。 （2）盾构推进单向纠偏过多，使管片环缝压密量不均匀而使环面与轴线不垂直。 （3）前一环环面与设计轴线不垂直，没有及时用楔子环纠正，同时纠偏楔子的粘贴部位、厚度不符合要求。
规范要求	《给水排水管道工程施工及验收规范》（GB 50268—2008） 6.4.8　管片拼装应符合下列规定： 1　管片下井前应进行防水处理，管片与连接件等应有专人检查，配套送至工作面，拼装前应检查管片编组编号； 2　千斤顶顶出长度应满足管片拼装要求； 3　拼装前应清理盾尾底部，并检查拼装机运转是否正常；拼装机在旋转时，操作人员应退出管片拼装作业范围； 4　每环中的第一块拼装定位准确，自下而上，左右交叉对称依次拼装，最后封顶成环； 5　逐块初拧管片环向和纵向螺栓，成环后环面应平整；管片脱出盾尾后应再次复紧螺栓； 6　拼装时保持盾构姿态稳定，防止盾构后退、变坡变向； 7　拼装成环后应进行质量检测，并记录填写报表； 8　防止损伤管片防水密封条、防水涂料及衬垫；有损伤或挤出、脱槽、扭曲时，及时修补或调换； 9　防止管片损伤，并控制相邻管片间环面平整度、整环管片的圆度、环缝及纵缝的拼接质量，所有螺栓连接件应安装齐全并及时检查复紧。
标准工序	管片检查→管片安装→紧固螺栓→螺栓复紧

续表

预防措施	（1）拼装时做好清理工作，防止杂物夹杂在管片环缝间。 （2）尽量多开启千斤顶，使盾构纠偏的力变化均匀。 （3）在施工中经常测量管片环面的垂直度，并与轴线相比较，发现误差后及早安排制作楔子纠环面。
处理措施	（1）合理的修改管片的排列顺序，利用增减楔子环（曲线管片）来进行纠偏。 （2）根据需要纠偏的量，在管片上适当的部位加贴厚度渐变的传力衬垫，形成楔子环。 （3）注意调整注浆泵的压力，及时更换发生泄漏、压力不足的泵，保证两种浆液对环面进行纠正。一般一次加贴衬垫的厚度不超过6mm，偏差大时可进行连续多环的纠偏以达到目的。 （4）当垂直偏差较大，造成管片拼装极困难，盾壳卡管片严重时，可采用纠偏量较大的刚性楔子。

1.6.14　圆环整环旋转

通病描述	拼装成环的管片与设计要求的拼装位置相比较，旋转了一定的角度，使盾构的后续车架及电机车轨道的铺设不平整，影响设备的运行，也增加了封顶成环的拼装难度。
典型照片	  问题照片　　　　　　　　　标准照片
原因分析	（1）管片受力不均匀。 1）千斤顶编组不合理，使管片受力不均匀，管片产生相对转动。 2）管片环面不平，千斤顶的顶力方向与环面不垂直，盾构推进时就会产生使管片转动的力矩，导致管片旋转。 （2）拼装管片安装位置偏差。

续表

原因分析	1）拼装时管片的位置安放不准确，因管片上的螺栓孔和螺栓之间一般留有 5～8mm 的间隙，造成两环管片之间可相互错动，如果管片在就位时不注意，就会引起旋转偏差。 2）后拼装的管片与已就位的管片发生碰撞，使已拼装的管片发生移位，如果长时间采用相同的顺序拼装管片，管片会向同一方向发生旋转偏差。
规范要求	《给水排水管道工程施工及验收规范》（GB 50268—2008） 6.4.8　管片拼装应符合下列规定 　1　管片下井前应进行防水处理，管片与连接件等应有专人检查，配套送至工作面，拼装前应检查管片编组编号； 　2　千斤顶顶出长度应满足管片拼装要求； 　3　拼装前应清理盾尾底部，并检查拼装机运转是否正常；拼装机在旋转时，操作人员应退出管片拼装作业范围； 　4　每环中的第一块拼装定位准确，自下而上，左右交叉对称依次拼装，最后封顶成环； 　5　逐块初拧管片环向和纵向螺栓，成环后环面应平整；管片脱出盾尾后应再次复紧螺栓； 　6　拼装时保持盾构姿态稳定，防止盾构后退、变坡变向； 　7　拼装成环后应进行质量检测，并记录填写报表； 　8　防止损伤管片防水密封条、防水涂料及衬垫；有损伤或挤出、脱槽、扭曲时，及时修补或调换； 　9　防止管片损伤，并控制相邻管片间环面平整度、整环管片的圆度、环缝及纵缝的拼接质量，所有螺栓连接件应安装齐全并及时检查复紧。
标准工序	管片检查→管片安装→紧固螺栓→螺栓复紧。
预防措施	（1）控制好盾构推进的姿态，千斤顶编组情况要使推力的变化均匀，调整好管片环面的角度，减少推进过程中产生的转动力矩。 （2）拼装管片时管片要放置正确，千斤顶靠拢时要有足够的顶力使管片不发生相对滑动。 （3）拼装机操作时要动作平缓，旋转缓慢，这样有利于拼装的准确性。 （4）对已成环的管片的旋转情况要经常进行测量，并及时纠正。 （5）经常变换管片拼装的顺序。
处理措施	利用管片之间可相互错动的余地，在拱底块管片拼装时，管片纵向螺栓穿进后，利用拼装机钳着管片向需要纠正的方向旋转一个角度，然后靠拢千斤顶，并拧紧纵向螺栓。以拱底块管片为基准，正确拼装其余管片，就可使整环管片向相反的方向旋转一个角度。连续数环管片拼装时采用这种方法，可使旋转误差得到纠正。

1.6.15 管片压浆孔及管片接缝渗漏

通病描述	管片压浆孔处渗漏，压浆孔周围有水渍，压浆孔周围混凝土有钙化斑点；地下水从已拼装完成管片的接缝中渗漏进入隧道。
典型照片	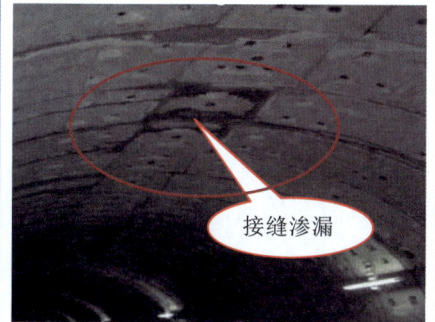  问题照片（接缝渗漏）　　标准照片（接缝无渗漏）
原因分析	（1）压浆孔闷头操作存在错误。 1）压浆孔的闷头未拧紧。 2）压浆孔的闷头螺纹与预埋螺母的间隙大。 （2）管片及管片拼装质量问题。 1）管片拼装的质量不好，接缝中有杂物，管片纵缝有内外张角、前后喇叭等，管片之间的缝隙不均匀，局部缝隙太大，使止水条无法满足密封的要求，周围的地下水就会渗漏进隧道。 2）管片碎裂，破损范围达到粘贴止水条的止水槽时，止水条与管片间不能密贴，水就从破损处渗入隧道。 （3）安装的止水条未起到作用。 1）纠偏量太大，所贴的楔子垫块厚度超过止水条的有效作用范围。 2）止水条粘贴不牢固质量不好，使止水条在拼装时松脱或变形，无法起到止水作用。 3）止水条质量不符合质量标准，强度、硬度、遇水膨胀倍率等参数不符合要求，而使止水能力下降。 4）对已贴好止水条的管片保护不好，即止水条在拼装前已遇水膨胀，使管片拼装困难且止水能力下降。
规范要求	《给水排水管道工程施工及验收规范》（GB 50268—2008） 6.4.12　盾构施工的给排水管道应按设计要求施做现浇钢筋混凝土二次衬砌；现浇钢筋混凝土二次衬砌前应隐蔽验收合格，并应符合下列规定： 1　所有螺栓应拧紧到位，螺栓与螺栓孔之间的防水垫圈无缺漏； 2　所有预埋件、螺栓孔、螺栓手孔等进行防水、防腐处理；

续表

规范要求	3 管道如有渗漏水，应及时封堵处理； 4 管片拼装接缝应进行嵌缝处理； 5 管道内清理干净，并进行防水层处理。
标准工序	参数设计→控制方式设计→注浆→注浆工况分析→控制方式及参数调整→注浆完毕。
预防措施	（1）要用扳手拧紧压浆孔的闷头。 （2）在闷头的丝口上缠生料带，以起到止水的作用。 （3）提高管片的拼装质量，及时纠环面，拼装时保证管片的整圆度和止水条的正常工况，提高纵缝的拼装质量。 （4）对破损的管片及时进行修补，运输过程中造成的损坏应在贴止水条以前修补好。对于因为管片与盾壳相碰而在推进或拼装过程中被挤坏的管片，也应原地进行修补，以对止水条起保护作用。 （5）控制衬垫的厚度，在贴过较厚衬垫处的止水条上应按规定加贴一层遇水膨胀橡胶条。 （6）应严格按照粘贴止水条的规程进行操作，清理止水槽，胶水不流淌以后才能粘贴止水条。 （7）采购质量好的止水条产品，在施工过程中定期抽检止水条的质量，产品须检验合格方能使用。 （8）在施工现场加防雨棚等防护设施，加强对管片的保护。根据情况也可对膨胀性止水条涂缓膨胀剂，确保施工的质量。
处理措施	（1）将闷头拧出，重新按要求拧紧。 （2）在压浆孔内注少量水泥浆堵漏，然后再用闷头闷住。 （3）对渗漏部分的管片接缝进行注浆。 （4）利用水硬性材料在渗漏点附近进行壁后注浆。 （5）对管片的纵缝和环缝进行嵌缝，嵌缝一般采用遇水膨胀材料嵌入管片内侧预留的槽中，外面封以水泥砂浆以达到堵漏的目的。

第 2 章 地基与基础工程

2.1 天然基础、基坑

2.1.1 天然地基承载力不足

通病描述	地基承载力试验结果未达到设计要求。
典型照片	  沟槽经锤击试验，地基承载力不足 问题照片　　　　　　标准照片
原因分析	（1）离基底 200～300mm 处未进行人工开挖，造成超挖现象，超挖后压实不到位。 （2）基坑或沟槽底部未采取降排水措施，地下水丰富，地基基面长时间被水浸泡，造成地基松软、承载力降低。 （3）局部土层发生变化，缺少详勘地质报告，基底存在回填土、垃圾层、淤泥层、流沙层，或者该部位本身是池塘、水沟等。
规范要求	《建筑地基基础工程施工质量验收标准》（GB 50202—2018） 4.1.4　素土和灰土地基、砂和砂石地基、土工合成材料地基、粉煤灰地基、强夯地基、注浆地基、预压地基的承载力必须达到设计要求。地基承载力的检验数量每 300m² 不应少于 1 点，超过 3000m² 部分每 500m² 不应少于 1 点。每单位工程不应少于 3 点。

规范要求	4.1.5 砂石桩、高压喷射注浆桩、水泥土搅拌桩、土和灰土挤密桩、水泥粉煤灰碎石桩、夯实水泥土桩等复合地基的承载力必须达到设计要求。复合地基承载力的检验数量不应少于总桩数的 0.5%，且不应少于 3 点。有单桩承载力或桩身强度检验要求时，检验数量不应少于总桩数的 0.5%，且不应少于 3 根。
标准工序	测量放线→土方开挖设计→土方开挖施工准备→分段分层开挖→修边和清底。
预防措施	（1）机械开挖应从标高较低处向标高较高处开挖，接近设计基底时应预留 200～300mm 厚度进行人工开挖找平，以避免超挖。 （2）基底周围设置排水措施，避免基面长时间泡水。 （3）在地下水位以下开挖时，应采取措施使地下水位降低至开挖面以下，且不少于 0.5m。 （4）加强质量检测，避免因局部地层变化导致的地基承载力不足。
处理措施	挖除承载力不足的天然土层，进行换填处理。

2.1.2 基坑积水

通病描述	基坑内因缺少降排水措施或未及时抽排形成积水，开挖后地基土被水浸泡。
典型照片	  问题照片　　　　　　　　标准照片
原因分析	（1）基坑周围未设排水沟或挡水堤，地面水流入基坑内。 （2）在地下水位以下挖土时，未设置排水沟和集水井，当基坑深度较大，地下水位较高且土体透水性较强，未设置降水设施。 （3）施工前未对施工技术、管理人员进行基坑积水、抽排水及应急预案交底培训。

续表

规范要求	《建筑地基基础工程施工规范》（GB 51004—2015） 8.1.8 土方开挖、土方回填过程中，应设置完善的排水系统。 8.2.1 土方工程施工前，应采取有效的地下水控制措施。基坑内地下水应降至开挖层土方底面以下不小于 0.5m。
标准工序	基坑开挖→在基坑周边设置临时排水沟、集水井→抽水泵抽排。
预防措施	（1）地基表面在地下水以上情况：基坑周围应设排水沟或挡水堤，防止地面水流入基坑内；挖土放坡时，坡顶和坡脚至排水沟均应保持一定距离，一般为 0.5～1.0m。 （2）地基表面在地下水以下情况： 1）在地下水位以下挖土，应在开挖面坡脚设排水沟和集水井，并使开挖面、排水沟和集水井的深度始终保持一定差值，使地下水位降低至开挖面以下不少于 0.5m。 2）当基坑深度较大，地下水位较低且土体透水性较强时，应采取分层明沟排水法，分层排除地下水，施工过程中保持连续降水，将地下水位降至基坑最底标高以下。 （3）应急预案。施工前应对施工技术、管理人员进行基坑积水、抽排水及应急预案的交底培训。
处理措施	（1）基坑排水。应立即检查降排水设施，疏通排水沟，并采取措施将水引走、排净。 （2）已扰动土体处理。可根据具体情况，采取排水晾晒后夯实，或抛填碎石、小块石夯实，或换土（3∶7 灰土）夯实，或挖去淤泥加深基础等措施处理。

2.1.3 降排水不当导致周边土体沉降、开裂

通病描述	现场实际降排水措施未严格按照审查通过后的专项方案施行，降排水不当导致周边土体沉降、开裂。
典型照片	  问题照片　　　　　　　　　标准照片

续表

原因分析	（1）未按设计要求采用正确的降排水措施。 （2）排水通道堵塞未及时疏通、排水设施数量不足或排水道不通畅。 （3）水位突然下降引起地面附加应力增加，导致土体压缩变形。 （4）开挖基坑未设排水沟或挡水堤，地面水流入基坑。 （5）在地下水位以下挖土，未采取降排水措施将水位降至基底开挖面以下。
规范要求	《建筑基坑支护技术规程》（JGJ 120—2012） 　　7.1.2　当降水会对基坑周边建（构）筑物、地下管线、道路等造成危害或对环境造成长期不利影响时，应采用截水方法控制地下水。采用悬挂式帷幕时，应同时采用坑内降水，并宜根据水文地质条件结合坑外回灌措施。 　　7.1.3　地下水控制设计应符合本规程第 3.1.8 条对基坑周边建（构）筑物、地下管线、道路等沉降控制值的要求。 《建筑地基基础工程施工规范》（GB 51004—2015） 　　7.1.2　应依据拟建场地的工程地质、水文地质、周边环境条件，以及基坑支护设计和降水设计等文件，结合类似工程经验，编制降水施工方案。 　　7.1.3　基坑降水应进行环境影响分析，根据环境要求采用截水帷幕、坑外回灌井等减小对环境造成影响的措施。
标准工序	设置降水井（按设计）→基坑开挖→设置排水沟、集水井→抽水泵抽排。
预防措施	（1）应依据基坑支护和降水措施设计等文件，结合工程地质、水文地质、周边环境，设置降排水措施。 （2）应设置足够的排水设施，及时疏通排水通道避免排水中断。 （3）基坑降水应根据环境要求采用截水帷幕、坑外回灌井等减小对环境造成影响的措施。 （4）基坑周围应设排水沟或挡水堤，防止地面水流入基坑内。 （5）应采取分层明沟排水法，分层排除地下水，施工过程中保持连续降水，将地下水位降至基坑最底标高以下。
处理措施	（1）止水。基坑周边增加止水措施。 （2）增加支护措施。对已发生沉降开裂的土体及时增加支护措施。 （3）对周边开裂的土体进行表面密实，封闭，防止降水渗入开裂的土体。

2.2 灌浆工程

2.2.1	浆液浓度不符合要求

通病描述	灌注和排出的浆液浓度不符合设计要求。
典型照片	 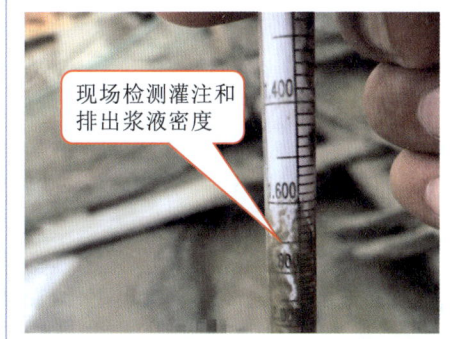 问题照片　　　　　　　　　标准照片
原因分析	（1）未按照设计水灰比配置水泥浆液。 （2）灌浆过程中未对浆液浓度进行监测，未做好相关记录。
规范要求	《水工建筑物水泥灌浆施工技术规范》（SL/T 62—2020） 5.5.5　普通水泥浆液水灰比可采用 5、3、2、1、0.7、0.5 等六级，细水泥浆液水灰比可采用 3、2、1、0.5 等四级，灌注时由稀至浓逐级变换。开灌水灰比根据各工程地质情况和灌浆要求确定，采用循环式灌浆时，普通水泥浆可采用水灰比 5，细水泥浆可采用 3；采用纯压式灌浆时，开灌水灰比可采用 2 或单一比级的稳定浆液。 《水利水电工程单元工程施工质量验收评定标准——地基处理与基础工程》（SL 633—2012） 4.3.3　岩石地基固结灌浆单孔施工质量标准见表 4.3.3。 表 4.3.3　　　　岩石地基固结灌浆单孔施工质量标准 | 工序	项次		检验项目	质量要求	检验方法	检验数量
---	---	---	---	---	---	---
钻孔	主控项目	1	孔深	不小于设计孔深	测绳或钢尺测钻杆、钻具	逐孔
		2	孔序	符合设计要求	现场查看	
		3	施工记录	齐全、准确、清晰	查看	抽查
	一般项目	1	终孔孔径	符合设计要求	卡尺或钢尺测量钻头	逐孔
		2	孔位偏差	符合设计要求	现场钢尺量测		

续表

		工序	项次	检验项目	质量要求	检验方法	检验数量
规范要求		钻孔	一般项目	3	钻孔冲洗	沉积厚度小于200mm	测绳量测	逐孔
				4	裂隙冲洗和压水试验	回水变清或符合设计要求	目测或计时	
		灌浆	主控项目	1	压力	符合设计要求	记录仪或压力表检测	逐孔
				2	浆液及变换	符合设计要求	比重秤或重量配比等检测	
				3	结束标准	符合设计要求	体积法或记录仪检测	
				4	抬动观测值	符合设计要求	千分表等量测	
				5	施工记录	齐全、准确、清晰	查看	抽查

标准工序	成孔→制浆→灌浆→灌浆压力、浆液浓度控制→灌浆结束→封孔。
预防措施	（1）根据浆液的实际浓度进行原材料用量计算，按照要求的灌注浆液密度进行调配。 （2）定时抽查各种材料称量偏差和浆液密度，发现问题及时纠正，并做好各项记录。
处理措施	浆液密度不符合要求，应该对浆液进行重新测定，重新制浆，按设计要求的浆液水灰比灌注，浆液浓度由稀到浓、逐级变换。灌浆过程中作业人员必须对浆液密度进行监测，质检员抽查，并做好记录。

2.2.2 孔斜率超标

通病描述	实际测定钻孔孔斜率不符合规范及设计要求。
原因分析	（1）钻机立轴方向与设计钻孔方向不一致。 （2）钻机机座不稳固。 （3）使用弯曲的钻杆、短钻杆和钻杆接头较多，钻杆旋转晃动大。 （4）预埋孔口管的方向不正确。 （5）钻孔给水压力和给水量等钻进参数控制不正确。 （6）钻孔变径时，未使用变径导向钻具或采取其他导正定位措施。 （7）在钻进溶洞地层、软硬互层时，未采取长钻具低转速、低钻压钻进措施。

灌浆工程 2.2

续表

规范要求	**《水工建筑物水泥灌浆施工技术规范》（SL/T 62—2020）** 5.2.4　帷幕灌浆中的各类钻孔均应分段进行孔斜测量。垂直的或顶角不大于5°的钻孔，孔底的偏距不应大于表5.2.4的规定。如钻孔偏斜值超过规定，必要时应采取补救措施。 表5.2.4　　　　　　　钻孔孔底允许偏距 	孔深/m	20	30	40	50	60	80	100
---	---	---	---	---	---	---	---
允许偏差/m	0.25	0.50	0.80	1.15	1.50	2.00	2.50 | 对于双排或多排帷幕孔，顶角大于5°的斜孔，孔底允许偏距值可适当放宽，但方位角的偏差值不应大于5°。孔深大于100m时，孔底允许偏距值应根据工程实际情况确定。钻进过程中，应重点控制孔深20m以内的偏距。 **《水利水电工程单元工程施工质量验收评定标准——地基处理与基础工程》（SL 633—2012）** 4.3.3　岩石地基固结灌浆单孔施工质量标准见表4.3.3。 表4.3.3　　　　岩石地基固结灌浆单孔施工质量标准 | 工序	项次	检验项目	质量要求	检验方法	检验数量
---	---	---	---	---	---
钻孔	主控项目 1	孔深	不小于设计孔深	测绳或钢尺测钻杆、钻具	逐孔
	2	孔序	符合设计要求	现场查看	
	3	施工记录	齐全、准确、清晰	查看	抽查
	一般项目 1	终孔孔径	符合设计要求	卡尺或钢尺测量钻头	逐孔
	2	孔位偏差	符合设计要求	现场钢尺量测	
	3	钻孔冲洗	沉积厚度小于200mm	测绳量测	
	4	裂隙冲洗和压水试验	回水变清或符合设计要求	目测或计时	
灌浆	主控项目 1	压力	符合设计要求	记录仪或压力表检测	逐孔
	2	浆液及变换	符合设计要求	比重秤或重量配比等检测	
	3	结束标准	符合设计要求	体积法或记录仪检测	
	4	抬动观测值	符合设计要求	千分表等量测	
	5	施工记录	齐全、准确、清晰	查看	抽查	
标准工序	测量放点→确定孔位（注明桩号、孔号）→钻机就位→固定、校正钻机立轴→进行钻孔→用测斜仪校测钻孔孔斜率→及时纠偏。

续表

预防措施	（1）钻孔施工前，必须详细了解所钻的地层、岩性，以匹配相应的钻进设备、机具。 （2）开孔前校核钻机的方位、立轴及钻杆的倾角，使钻机立轴方向与设计钻孔方向一致。 （3）机座要稳固，使钻机运转平稳。钻机往返移动时，应采取能对准原孔位和孔向的可靠措施。 （4）使用顺直的钻杆和加工精度较高的钻杆接头，使钻杆不晃动。 （5）预埋孔口管时，要校核孔口管的方向、角度是否符合设计要求。 （6）在钻进操作上，要正确地控制压力，并适量给水，钻具超过一定重量时，还需考虑减压措施；钻孔过程中宜自上而下、5～8m 测定一次孔斜率，并按规定填写钻孔测斜计算成果表。 （7）不要轻易进行钻孔变径，如需要钻孔变径时，应使用变径导向钻具或采取其他导正定位措施。 （8）钻具长度不宜小于 3m。必要时，可使用钻铤或加用导向箍。在钻进溶洞地层、软硬互层时，应采取长钻具低转速、低钻压钻进措施。
处理措施	（1）辅助法。钻孔施工前，钻机布置场地找平，钻机安放稳固，定位放线准确，钻进参数正确。 （2）控制法。控制法的主要出发点是保持钻孔已有的偏斜程度，使之不再增大。主要措施是增加粗径钻具的长度，在合理的钻进压力、给水量的配合下，纠正钻孔方向。 （3）扩孔法。钻孔在变径时产生严重弯曲，一般是由于在钻具上未增加导向所致。这时可采用扩孔法来纠正孔斜，即采取加大与原一级钻孔钻进的同一直径钻具，用硬质合金钻头从钻孔变径位置继续打下去，这样可扩出与原一级钻孔偏斜相近的钻孔。 （4）变径钻进法。在钻垂直孔且孔向偏斜过大时，如孔径还能符合变径要求，则用比原来小一级或二级的钻具进行钻进，利用重力作用，纠正孔斜。纠正前要捞净孔内岩芯。开始变径钻进时应用低压慢速钻进。 （5）改变钻机立轴方向。当钻孔较浅（不超过 30m）时，可采用改变钻机立轴方向的方法（垫钻机）纠正孔斜。钻孔往右偏时，垫钻机左侧；往机头方向偏时，垫钻机后部；反之亦然。 （6）利用导斜器纠正孔向。在要做纠正的孔段中，根据孔斜方向要求，埋入废岩芯管或钢筋焊制的钻孔导斜器，并把要纠正的孔段用水泥砂浆回填，等砂浆达一定强度后再重新钻开。由于钻孔导斜器的作用，把钻孔的方向迫到设计要求的方向上来。 （7）经设计复核确认后，可考虑在偏位桩的两侧重新钻孔。

2.2.3 处理中断灌浆措施不当	
通病描述	在灌浆过程中，发生特殊情况，处理不当造成暂时停灌。
原因分析	（1）排除灌浆设备故障、停电、停水、管路爆裂、仪器仪表失灵等问题的时间过长，使孔内浆液丧失了流动性而被迫中断灌浆。 （2）在灌浆过程中，出现了冒浆、串浆、绕塞渗漏、岩体抬动、吸浆量大而难以结束灌浆等特殊情况时，应采取间歇灌浆、待凝等处理措施，而不应该直接停止灌浆。
规范要求	《水工建筑物水泥灌浆施工技术规范》（SL/T 62—2020） 5.7.4 灌浆必须连续进行，若因故中断，应按下列原则处理： 1 应尽快恢复灌浆。如无条件在短时间内恢复灌浆时，应立即冲洗钻孔，再恢复灌浆。若无法冲洗或冲洗无效，则应进行扫孔，再恢复灌浆。 2 恢复灌浆时，应使用开灌比级的水泥浆进行灌注。 1）如注入率与中断前相近，即可采用中断前水泥浆的比级继续灌注。 2）如注入率较中断前减少较多，应自开灌水灰比起逐级加浓浆液继续灌注。 3）如注入率较中断前减少很多，且在短时间内停止吸浆，应采取补救措施。 《水利水电工程单元工程施工质量验收评定标准——地基处理与基础工程》（SL 633—2012） 4.3.3 岩石地基固结灌浆单孔施工质量标准见表4.3.3。 表4.3.3　　　岩石地基固结灌浆单孔施工质量标准 | 工序	项次		检验项目	质量要求	检验方法	检验数量
---	---	---	---	---	---	---
钻孔	主控项目	1	孔深	不小于设计孔深	测绳或钢尺测钻杆、钻具	逐孔
		2	孔序	符合设计要求	现场查看	
		3	施工记录	齐全、准确、清晰	查看	抽查
	一般项目	1	终孔孔径	符合设计要求	卡尺或钢尺测量钻头	逐孔
		2	孔位偏差	符合设计要求	现场钢尺量测	
		3	钻孔冲洗	沉积厚度小于200mm	测绳量测	
		4	裂隙冲洗和压水试验	回水变清或符合设计要求	目测或计时	
灌浆	主控项目	1	压力	符合设计要求	记录仪或压力表检测	逐孔
		2	浆液及变换	符合设计要求	比重秤或重量配比等检测	
		3	结束标准	符合设计要求	体积法或记录仪检测	
		4	抬动观测值	符合设计要求	千分表等量测	
		5	施工记录	齐全、准确、清晰	查看	抽查	

续表

标准工序	成孔→制浆→灌浆→灌浆压力、浆液浓度控制→灌浆结束→封孔。
预防措施	（1）灌浆前检修灌浆设备和供水、供电设备，并配置备用设备；选用性能适应于灌浆要求的输浆管材；仪器仪表应准确，注意验证；灌浆塞在孔内要堵塞严密，灌浆前应用压水或稀浆检查。 （2）出现灌浆中断，应尽快恢复灌浆。恢复灌浆时，应使用开灌比级的水泥浆进行灌注；灌浆过程中发现冒浆、漏浆时，应根据具体情况采用嵌缝、表面封堵、低压、浓浆、限流、限量等方法进行处理；为防止串浆，固结灌浆孔可采用群孔并联灌注，孔数不宜多于3个，并应控制压力，防止混凝土面或岩石面抬动。
处理措施	（1）根据吸浆率判断处理。出现中断灌浆情况后，应尽快恢复灌浆，恢复时应从稀浆开始灌浆（浆液比中断前低一级），如果吸浆率降低很少，则可尽快恢复到中断前的稠度，否则应逐级变浆。 （2）发生堵塞。若恢复后的吸浆率降低很多，短时间内即告结束，说明裂隙口中断时堵塞，应起出栓塞进行扫孔，冲洗后再灌。 （3）重新钻孔。采用前面两条措施后，吸浆量仍然很低或不吸浆，将在该孔位置10～20cm旁边，冲钻一孔至中断前深度，继续灌浆。

2.2.4 封孔不符合规范要求

通病描述	回填料与钻孔孔壁胶结不紧密，有水渗出；钻孔内留有大的洞穴或小孔。
原因分析	（1）未按要求的封孔方法进行封孔。 （2）封孔的材料配比不当。
规范要求	《水工建筑物水泥灌浆施工技术规范》（SL/T 62—2020） 6.3.10　灌浆孔灌浆结束后，可采用导管注浆法封孔，孔口涌水的灌浆孔应采用全孔灌浆法封孔。 《水利水电工程单元工程施工质量验收评定标准——地基处理与基础工程》（SL 633—2012） 4.3.3　岩石地基固结灌浆单孔施工质量标准见表4.3.3。 表4.3.3　　　　岩石地基固结灌浆单孔施工质量标准 <table><tr><th>工序</th><th>项次</th><th></th><th>检验项目</th><th>质量要求</th><th>检验方法</th><th>检验数量</th></tr><tr><td rowspan="2">钻孔</td><td rowspan="2">主控项目</td><td>1</td><td>孔深</td><td>不小于设计孔深</td><td>测绳或钢尺测钻杆、钻具</td><td rowspan="2">逐孔</td></tr><tr><td>2</td><td>孔序</td><td>符合设计要求</td><td>现场查看</td></tr></table>

续表

续表

工序	项次		检验项目	质量要求	检验方法	检验数量
钻孔	主控项目	3	施工记录	齐全、准确、清晰	查看	抽查
	一般项目	1	终孔孔径	符合设计要求	卡尺或钢尺测量钻头	逐孔
		2	孔位偏差	符合设计要求	现场钢尺量测	
		3	钻孔冲洗	沉积厚度小于200mm	测绳量测	
		4	裂隙冲洗和压水试验	回水变清或符合设计要求	目测或计时	
灌浆	主控项目	1	压力	符合设计要求	记录仪或压力表检测	逐孔
		2	浆液及变换	符合设计要求	比重秤或重量配比等检测	
		3	结束标准	符合设计要求	体积法或记录仪检测	
		4	抬动观测值	符合设计要求	千分表等量测	
		5	施工记录	齐全、准确、清晰	查看	抽查

标准工序	帷幕灌浆：灌浆孔（含先导孔）和检查孔结束后→用泵送水灰比 0.5∶1 的浓浆将孔中余浆全部顶出直至孔口返出浓浆→提升灌浆管→向孔内补浆→在孔口进行纯压式封孔灌浆→选用设计封孔材料进行封孔。
预防措施	采用"机械压浆封孔法"或"压力灌浆封孔法"封孔，待孔内水泥浆液凝固后，灌浆孔上部空余部分大于 3m 时，应继续采用导管注浆法进行封孔；小于 3m 时，可使用干硬性水泥砂浆人工封填捣实。
处理措施	将不符合要求的孔重新钻开，选用设计封孔材料进行封孔。

2.2.5 串浆、外漏

通病描述	灌浆过程中，压力突降，吸浆率升高，浆液跑漏。
原因分析	（1）灌浆周边区未能形成良好封闭。 （2）灌浆区串通。
规范要求	《水工建筑物水泥灌浆施工技术规范》（SL/T 62—2020） 8.5.2 灌浆过程中，发现灌区浆液外露或灌区之间串浆时，应采用下列方法处理：

续表

规范要求	1　当浆液外露时，应先从外部进行堵漏。若无效再采取灌浆措施，如加浓浆液、降低压力等，但不应采用间歇灌浆方法。 2　当灌区之间串浆时，若串浆灌区已具备灌浆条件，可同时灌浆，按"一区一泵"要求灌注。若串浆灌区不具备灌浆条件，且开灌时间不长，可先用清水冲洗灌区和串区，直至排气管排出清水止，待串区具备灌浆条件后再进行同时灌浆。若串浆轻微，可在串区通入低压水循环，直至灌区灌浆结束。
标准工序	成孔→制浆→灌浆→灌浆压力、浆液浓度控制→灌浆结束→封孔。
预防措施	（1）对灌浆周边区进行检查，查明漏浆、串浆部位和原因，应首先使用合适的材料，可采用扁形或楔形工具向漏缝、裂隙嵌入棉纱、棉絮或其他堵漏材料从外部进行堵漏。若效果不好，可采用加大浆液浓度、降低压力等进行处理，但不得采用间歇灌浆法进行堵漏。 （2）灌浆过程中发现串浆，当串浆区具备灌浆条件时，可同时灌浆，出现三个及以上灌区串通时，应查明情况，研究可靠的方案，慎重施工。 （3）开灌时间不长，可使用清水冲洗灌区和串区，直至灌区、串区的排气管排出清水，待串区具备串灌条件后同时灌浆。 （4）灌浆时间过长且串浆轻微，可在串区通低压水保持循环，直至灌浆结束，串区循环回水返清为止。
处理措施	（1）钻孔中发生串浆现象。应立即停止钻孔，在发生串浆的钻孔处安装灌浆塞，然后在进行灌浆的钻孔中继续灌浆操作，直到灌浆结束待凝4h后，继续进行串浆孔处的钻孔操作。 （2）准备进行灌浆操作的钻孔发生串浆现象。最好的解决方法就是利用单独的灌浆泵，同时对灌浆孔和串浆孔进行灌浆操作或采用并联灌浆，如果工作条件无法满足，可采用与钻孔中发生串浆现象同样的方法处理。 （3）发生外漏现象。①尽量选取低压的灌浆方法；②对浆液浓度进行加浓，加入速凝剂，等外漏现象止住时，再恢复正常灌浆；③利用间歇式的灌浆方法，灌注一定量的浓浆后，发现浓浆从冒浆处冒出时，停止灌浆，间歇一定时间，继续进行灌浆，重复操作，直到该现象消失再恢复正常灌浆。

2.3　水泥土搅拌桩

2.3.1　水泥掺入量未达到设计要求、芯样完整性差

通病描述	未严格按照设计提供的主被动区水泥掺量、水泥砂浆配比、外加剂等进行拌制，喷入土体搅拌时无法使土体硬结，成桩困难。

续表

典型照片	问题照片（芯样完整度差）	标准照片
原因分析	（1）浆液浓度未按设计要求配置。 （2）下钻或提升速度过快，浆液配合比例失调、喷浆口堵塞、管路中有硬结块。	
规范要求	《建筑地基基础工程施工规范》（GB 51004—2015） 4.10.1　施工前应进行工艺性试桩，数量不应少于2根。 《深层搅拌法地基处理技术规范》（DL/T 5425—2018） 5.4.1　在施工前应根据设计要求选择有代表性的地层进行工艺试验，内容主要包括： 1　搅拌桩机钻进深度，桩底高程，桩顶高程。 2　水泥浆液水灰比（或水泥掺入量）。 3　搅拌桩机转速、下钻和提升速度。 4　注浆泵压力（或喷灰压力）。 5　输浆量（或供灰量）及每延米桩体注浆量（或供灰量）。 6　冲水或注水下钻，复搅复喷及其部位等。	
标准工序	桩机定位、调平→调整导向架垂直度→预先拌制浆液→搅拌下沉→喷浆搅拌提升→重复搅拌下沉→重复喷浆搅拌提升→桩机移位。	
预防措施	（1）施工前应进行工艺性试桩，以确定搅拌机转速、下钻和提升速度、复搅复喷次数、注浆泵压力等施工参数。 （2）根据试桩参数编制作业指导书。	
处理措施	增加取样检测数量，按设计要求进行补桩。	

2.3.2　未经试桩确定施工工艺参数

通病描述	水泥土搅拌桩施工控制参数，未先经工艺性试桩确定施工参数是否合适，即直接大面积使用。

续表

典型照片	问题照片（提升速度过快，导致成桩困难）	标准照片（搅拌、喷浆次数和提升速度等符合设计要求）
原因分析	（1）搅拌轴（头）下沉和提升速度快，不符合工艺性试验成果中论证的速度。 （2）未进行试桩确定技术参数或施工中参数控制不准确。	
规范要求	《深层搅拌法地基处理技术规范》（DL/T 5425—2018） 5.5.5　施工参数应符合工艺试验所确定的参数。	
标准工序	桩机定位、调平→调整导向架垂直度→预先拌制浆液→搅拌下沉→喷浆搅拌提升→重复搅拌下沉→喷浆、重复搅拌提升→桩机移位。	
预防措施	（1）做好施工准备工作，保持机械设备良好、正常。 （2）施工前应进行工艺性试桩，以确定搅拌机转速、下钻和提升速度、复搅复喷次数、注浆泵压力等施工参数。	
处理措施	严格按规范要求选择有代表性的施工部位，通过试桩确定工艺参数。	

2.3.3　桩体不均匀，抗压强度和地基承载力达不到设计要求

通病描述	（1）浅部开挖验桩发现桩体不圆匀，有缩径、回陷等现象，搅拌不均匀，凝体有松散。 （2）无侧限抗压强度试验结果低于设计值。 （3）载荷试验，单桩、复合地基承载力试验结果低于设计值。

问题照片（设计桩间距1.2m，实测间距1.5m）　　标准照片

续表

原因分析	（1）表层加固效果差，是加固体的薄弱环节。 （2）水泥浆液配合比、流量控制不严，造成地基表面覆盖压力小，在拌和时土体上拱，不易拌和均匀。
规范要求	《建筑地基基础工程施工规范》（GB 51004—2015） 4.10.2　单轴与双轴水泥土搅拌法施工应符合下列规定： 　1　施工深度不宜大于18m，搅拌桩机架安装就位应水平，导向架垂直度偏差应小于1/150，桩位偏差不得大于50mm，桩径和桩长不得小于设计值； 　2　单轴和双轴水泥土搅拌桩浆液水灰比宜为0.55～0.65，制备好的浆液不得离析，泵送应连续，且应采用自动压力流量记录仪； 　3　双轴水泥土搅拌桩成桩应采用两喷三搅工艺，处理粗砂、砾砂时，宜增加搅拌次数，钻头喷浆搅拌提升速度不宜大于0.5m/min，钻头搅拌下沉速度不宜大于1.0m/min，钻头每转一圈的提升（或下沉）量宜为10mm～15mm，单机24h内的搅拌量不应大于100m³； 　4　施工时宜用流量泵控制输浆速度，注浆泵出口压力应保持在0.40MPa～0.60MPa，输浆速度应保持常量； 　5　钻头搅拌下沉至预定标高后，应喷浆搅拌30s后再开始提升钻杆。 4.10.3　三轴水泥土搅拌法施工应符合下列规定： 　1　施工深度大于30m的搅拌桩宜采用接杆工艺，大于30m的机架应有稳定性措施，导向架垂直度偏差不应大于1/250； 　2　三轴水泥土搅拌桩桩水泥浆液的水灰比宜为1.5～2.0，制备好的浆液不得离析，泵送应连续，且应采用自动压力流量记录仪； 　3　搅拌下沉速度宜为0.5m/min～1.0m/min，提升速度宜为1m/min～2m/min，并应保持匀速下沉或提升； 　4　可采用跳打方式、单侧挤压方式和先行钻孔套打方式施工，对于硬质土层，当成桩有困难时，可采用预先松动土层的先行钻孔套打方式施工； 　5　搅拌桩在加固区以上的土层扰动区宜采用低掺量加固； 　6　环境保护要求高的工程应采用三轴搅拌桩，并应通过试成桩及其监测结果调整施工参数，邻近保护对象时，搅拌下沉速度宜为0.5m/min～0.8m/min，提升速度宜为1.0m/min内，喷浆压力不宜大于0.8MPa； 　7　施工时宜用流量泵控制输浆速度，注浆泵出口压力宜保持在0.4MPa～0.6MPa，并应使搅拌提升速度与输浆速度同步。 《深层搅拌法地基处理技术规范》（DL/T 5425—2018） 6.0.2　深层搅拌法施工质量控制应以过程控制为主，施工过程中应保证机具平稳，并严格控制垂直度、回转速度、提升速度、水泥浆液密度、供浆流量等参数，保证掺入比满足设计要求且搅拌均匀。

标准工序	桩机定位、调平→调整导向架垂直度→预先拌制浆液→搅拌下沉→喷浆搅拌提升→重复搅拌下沉→喷浆、重复搅拌提升→桩机移位。
预防措施	（1）施工前应进行工艺性试桩，以确定搅拌机转速、下钻和提升速度、复搅复喷次数、注浆泵压力等施工参数。 （2）根据试桩参数编制作业指导书。 （3）施工过程中加强施工过程控制，严格控制施工参数，及时补救施工缺陷。
处理措施	桩体强度达不到设计要求，应在原有桩体附近进行补桩。

2.4 锚杆（索）

2.4.1 注浆不饱满

通病描述	灌浆强度低，在孔道内注浆体不连续、填充不饱满。
典型照片	问题照片（注浆时，拔管速度过快，导致注浆不饱满） 标准照片（按规范、设计要求注浆）
原因分析	（1）注浆时，拔管速度过快。 （2）注浆的材料配合比不当。 （3）灌浆的操作工艺不当。 （4）灌浆的压力低，灌浆的顺序、时间不符合有关规定。
规范要求	《岩土锚杆与喷射混凝土支护工程技术规范》（GB 50086—2015） 4.7.9 注浆设备与注浆工艺应符合下列规定： 1 注浆设备应具有1h内完成单根锚杆连续注浆的能力； 2 对下倾的钻孔注浆时，注浆管应插入距孔底300～500mm处； 3 对上倾的钻孔注浆时，应在孔口设置密封装置，并应将排气管内端设于孔底。 4.7.10 注浆浆液的制备应符合下列规定： 1 注浆材料应根据设计要求确定，并不得对杆体产生不良影响，对锚

续表

规范要求	杆孔的首次注浆，宜选用水灰比为0.5～0.55的纯水泥浆或灰砂比为1∶0.5～1∶1的水泥砂浆，对改善注浆料有特殊要求时，可加入一定量的外加剂或外掺料； 2　注入水泥砂浆浆液中的砂子直径不应大于2mm； 3　浆液应搅拌均匀，随搅随用，浆液应在初凝前用完。 4.7.11　采用密封装置和袖阀管的可重复高压注浆型锚杆的注浆还应遵守下列规定： 1　重复注浆材料宜选用水灰比0.45～0.55的纯水泥浆； 2　对密封装置的注浆应待初次注浆孔口溢出浆液后进行，注浆压力不宜低于2.0MPa； 3　一次注浆结束后，应将注浆管、注浆枪和注浆套管清洗干净； 4　对锚固体的重复高压注浆应在初次注浆的水泥结石体强度达到5.0MPa后，分段依次由锚固段底端向前端实施，重复高压注浆的劈开压力不宜低于2.5MPa。
标准工序	钻机就位→成孔→清孔→杆体安放→注浆→拉拔→锚固。
预防措施	（1）在现场进行内锚固段抗拔力试验，合理确定水泥砂浆与围岩的粘结强度。 （2）检查止浆环的可靠性。 （3）认真核对注浆量，确定注浆密实程度。 （4）定期检测注浆材料质量，保证水泥砂浆符合设计要求。
处理措施	（1）二次注浆，确保注浆效果。 （2）做拉拔试验，确认抗拔力是否满足设计要求。

2.4.2　锚固端未保护

通病描述	锚固端封闭保护不符合设计要求，未做防腐保护，易受含硫酸盐和氯化物地下水的侵蚀。
典型照片	  问题照片　　　　　　　标准照片

续表

原因分析	未经防腐或防腐不当的锚杆（索）易受含硫酸盐和氯化物地下水的侵蚀而发生腐蚀。
规范要求	《岩土锚杆与喷射混凝土支护工程技术规范》（GB 50086—2015） 4.5.6　锚杆锚固段防腐保护尚应符合下列规定： 1　采用Ⅰ、Ⅱ级防腐保护构造的锚杆杆体，水泥浆或水泥砂浆保护层厚度不应小于20mm； 2　采用Ⅲ级防腐保护构造的锚杆杆体，水泥浆或水泥砂浆保护层厚度不应小于10mm。
标准工序	钻机就位→成孔→清孔→杆体安放→注浆→拉拔→锚固。
预防措施	（1）使用安装时，在挤压套筒上做临时标识，以保证方向正确。 （2）采用防腐保护构造的锚杆杆体，以及锚固端的保护必须符合设计和规范要求。
处理措施	（1）涂防腐漆。 （2）浇筑混凝土覆盖锚固端。

2.4.3　锚杆锚固力差

通病描述	锚杆倾角、锚固长度等选择不当，现场拉拔试验测得的最大抗拉拔力偏低。
典型照片	因为锚杆（索）倾角选择不当，导致锚固力差 问题照片　　　选择合适的锚索倾角角度和锚固长度，满足锚杆（索）抗力值 标准照片
原因分析	锚杆锚固长度、锚固倾角选择不满足设计要求。
规范要求	《岩土锚杆与喷射混凝土支护工程技术规范》（GB 50086—2015） 4.7.13　锚杆应按本规范第12.1节Ⅳ验收试验规定，通过多循环或单循环验收试验后，应以50kN/min～100kN/min的速率加荷至锁定荷载值锁

续表

规范要求	定。锁定时张拉荷载应考虑锚杆张拉作业时预应力筋内缩变形、自由段预应力筋的摩擦引起的预应力损失的影响。 4.7.16 锚杆的位置、孔径、倾斜度、自由段长度和预加力，应符合本规范表14.2.3的规定。 表 14.2.3-1　　　　锚杆工程质量检验与验收标准				
	项目	序目	检验项目	允许偏差或允许值	检查方法
	主控项目	1	杆体长度（mm）	+100 -30	用钢尺量无损检测
		2	预应力锚杆承载力极限值（kN）	符合验收标准	现场试验
		3	预应力锚杆预加力（锁定荷载）变化（kN）	符合规范表13.5.1的要求	测力计量测
		4	锚固结构物的变形	符合设计要求	现场量测
	一般项目	1	锚杆位置（mm）	±100	用钢尺量
		2	钻孔直径（mm）	±10（设计直径>60） ±5（设计直径<60）	用卡尺量
		3	钻孔倾斜度（mm）	2%钻孔长	现场测量
		4	注浆量	不小于理论计算浆量	检查计量数据
		5	浆体强度	达到设计要求	试样送检
		6	杆体插入钻孔长度：预应力锚杆	不小于设计长度的97%	用钢尺量
			杆体插入钻孔长度：非预应力锚杆	不小于设计长度的98%	
标准工序	钻机就位→成孔→清孔→杆体安放→注浆→拉拔→锚固。				
预防措施	（1）正式施工前必须做锚杆基本试验，得出倾角、锚固长度关系，提供设计研究决定。 （2）选择合适倾角，一般倾角为15°~25°，不大于45°。				
处理措施	（1）增补锚杆。按不合格锚杆所在位置或区域，核定实际抗力与设计抗力之间的差值，采用增补锚杆的方法补足该区段原设计要求的锚杆抗力值。 （2）二次灌浆。在有条件的情况下，可采取高压二次灌浆的方法，灌浆体达到75%设计强度时再按照试验标准进行试验；否则按照实际达到试验荷载的50%（永久性锚杆）或70%（临时性锚杆）进行锁定，该锁定荷载可按实际提供的锚杆承载力设计值予以确认。				

2.4.4 锚具夹片滑脱，失去锚固作用

通病描述	锚具夹片因安装时未打紧等产生滑脱，失去锚固作用。
典型照片	  问题照片　　　　　　　　　　标准照片
原因分析	（1）检验发现锚具夹片等硬度不足 HRC=40°，不符合规范规定。 （2）当锚杆受力时，夹片对钢绞线因硬度不足而滑脱。
规范要求	《预应力筋用锚具、夹具和连接器》（GB/T 14370—2015） 5.5.2.2 夹具应有可靠的自锚性能、良好的松锚性能。
标准工序	钻机就位→成孔→清孔→杆体安放→注浆→拉拔→锚固。
预防措施	（1）夹片应采用表面渗碳工艺，提高硬度，使硬度 HRC=50°～55°。 （2）锚杆施工完后应重新检查锚头有无松动、脱落，必要时重新将锚头张拉一下。 （3）工厂交付锚具、夹片时应做详细检查验收，施工单位对锚具质量应切实负起责任。
处理措施	重新拉拔达到设计要求后，进行锚固端施工。

2.4.5 锚杆（索）张拉后应力损失过大

通病描述	锚杆（索）张拉后应力损失过大，导致锚杆（索）体内预应力降低，锚杆（索）拉力未达到设计值。

续表

原因分析	（1）钢绞线与孔壁之间摩阻产生的预应力损失。 （2）地质条件原因造成的预应力损失。
规范要求	《岩土锚杆（索）技术规程》（CECS 22:2005） 8.5.1　锚杆张拉和锁定应符合下列规定： 1　锚头台座和承压面应平整，并与锚杆轴线方向垂直； 2　锚杆张拉前应对张拉设备进行标定； 3　锚杆张拉时，注浆体和混凝土台座的抗压强度值应符合表8.5.1的规定； 4　锚杆张拉应有序进行，张拉顺序应考虑邻近锚杆的相互影响； 5　锚杆正式张拉前,应取0.1~0.2轴向拉力设计值N_t预张拉1~2次，使锚杆体完全平直，各部分接触紧密； 6　锚杆应采用符合标准设计要求的锚具。 表8.5.1　锚杆张拉时注浆体和混凝土台座抗压强度值 | 锚杆类型		抗压强度值/MPa	
---	---	---	---
		注浆体	台座混凝土
土层锚杆	拉力型	15	20
	压力型和压力分散型	30	20
岩石锚杆	拉力型	25	25
	压力型和压力分散型	30	25	 9.4.6　当符合下列要求时，应判定验收合格： 1　拉力型锚杆在最大试验荷载下所测得的总位移量，应超过该荷载下杆体自由段长度理论弹性伸长值的80%，且小于杆体自由段长度与1/2锚固段长度之和的理论弹性伸长值； 2　在最后一级荷载作用下1~10min锚杆蠕变量不大于1.0mm，如超过，测6~60min内锚杆蠕变量不大于2.0mm。
标准工序	测量放点→钻机就位→成孔→清孔→杆体安放→注浆→张拉→锁定→封锚。
预防措施	（1）对锚杆（索）孔进行固结灌浆处理,以提高岩石的整体性与均质性、抗压强度及弹性模量，减少岩体的变形与不均匀沉陷。 （2）钻进过程中严格控制成孔的立轴角度（倾角）准确性，减少钻进过程遇上软硬地层交替或破碎地层等原因产生的偏移。 （3）对作业人员做好技术交底和安全交底，由经验丰富的操作人员操作整个过程（如安装夹片），从而减少因操作方面引起的预应力损失。

预防措施	（4）锚杆（索）正式张拉前，应取 $0.1 \sim 0.2$ 轴向拉力设计值 N_t 预张拉 $1 \sim 2$ 次。 （5）适当提高锚杆（索）的超张拉系数，即通过提高超张拉力来弥补部分预应力损失。 （6）一次张拉后间隔一段时间进行二次补偿张拉，有效消除相邻锚杆（索）间的影响，且抑制锚杆（索）的预应力衰减。
处理措施	待预应力损失趋于稳定之后再采取补偿张拉措施，提高超张拉系数，将超张拉系数由 $1.1N_t$ 提高至 $1.15N_t$，增大超张拉力。

2.4.6 锚索位置未准确定位

通病描述	预应力锚杆（索）孔位偏差影响锚索安放及后续腰梁（格梁）施工。
典型照片	  问题照片　　　　　标准照片
原因分析	（1）测量未精准定好孔位，做好标记。 （2）钻机工作时未保持稳定状态。 （3）在有倾斜的软硬地层交界处，岩面倾斜处钻进钻头受力不均。
规范要求	《岩土锚杆（索）技术规程》（CECS 22:2005） 8.2.1　锚杆钻孔应符合下列规定： 1　锚杆钻孔不得扰动周围地层； 2　钻孔前，根据设计要求和地层条件，定出孔位、做出标记； 3　锚杆水平、垂直方向的孔距误差不应大于100mm。钻头直径不应小于设计钻孔直径3mm； 4　钻孔轴线的偏斜率不应大于锚杆长度的2%； 5　锚杆钻孔深度不应小于设计长度，也不宜大于设计长度500mm； 6　向钻孔中安放锚杆前，应将孔内岩粉和土屑清洗干净。

锚杆（索） 2.4

续表

标准工序	测量放点→钻机就位→成孔→清孔→杆体安放→注浆→张拉→锁定→封锚。
预防措施	（1）测量精准定好孔位，做好标记。 （2）钻孔前须将钻机就位，钻机就位后需保持稳定，立轴角度（倾角）准确。 （3）钻进过程中采用水平尺测量主轴钻杆角度，确保立轴角度（倾角）与锚孔角度一致。
处理措施	（1）钻进前发现问题时，调置钻机稳定状态，调好立轴角度（倾角），确保立轴角度（倾角）与锚孔角度一致。 （2）钻进后发现问题时，把原有孔位注浆充填密实，再在合适的地方定好孔位，重新钻孔。

2.4.7 锚索失效导致边坡失稳

通病描述	预应力锚索张拉过程中或张拉后混凝土锚墩被压裂或钢绞线断裂，导致锚索失效，导致边坡防护不完整，影响边坡稳定性。
典型照片	  问题照片　　　　　　标准照片
原因分析	（1）锚墩混凝土的强度偏低或锚墩与岩石结合面不平整出现应力集中所致。 （2）钢绞线在冷拔过程中残留有较高的内应力，容易产生锈蚀，甚至导致应力腐蚀或清脆断裂。 （3）整束锚索张拉时各根钢绞线受力不均匀，受力大的钢绞线大于破断荷载时出现断裂。
规范要求	《水工预应力锚固设计规范》（SL/T 212—2020） 4.1.2 采用预应力混凝土用钢丝或预应力混凝土用钢绞线作为锚索材料时，其力学性能应分别符合 GB/T 5223 和 GB/T 5224 的规定；采用预应力混凝土用螺纹钢筋作为锚杆材料时，其力学性能应符合 GB/T 20065 的规定。

续表

规范要求	4.1.6 进入施工现场的预应力钢丝、钢绞线、无粘结预应力钢绞线、质应力混凝土用螺纹钢筋和自钻式预应力锚杆材料，每盘（捆）均应具有材质证明书和产品合格证；进场的产品应具有厂家提供的试验检测报告单；无粘结钢绞线还应提供高密度聚乙烯树脂和专用防腐介质材料证明书。 4.1.8 进入施工现场的预应力钢丝、钢绞线、无粘结预应力钢绞线、预应力混凝土用螺纹钢筋和自钻式预应力锚杆材料在使用前应进行力学性能检测。预应力钢丝、钢绞线和无粘结预应力钢绞线检测项目应色场限抗拉强度、伸长率和弹性模量；预应力混凝土用螺纹钢筋和自钻式预应力锚杆检测项目为极限抗拉强度。检测方法应按附录A的规定执行，检测频次应为同品种、同型号、同厂家和同一批次，每60t为一个检测批次，不足60t应按一个检测批次取样，每批次取样数量应不少于3组。 8.4 张拉及锁定 8.4.1 预应力锚索张拉前应做好下列准备工作： 6 对于岩（土）体中的锚索，张拉作业前应对锚墩混凝土、锚固段注浆体的强度进行取样检测；对于混凝土结构锚索，应对结构混凝土强度进行检测。达到设计强度后，再进行锚索张拉作业。
标准工序	施工准备→测量放线→钻孔→锚索制安→锚孔注浆→锚墩施工→安装工作锚后的限位板→安装千斤顶、安装千斤顶外侧的工具锚板→安装工具锚夹片并击紧→准备张拉→单根钢绞线张拉→3d后整体补偿张拉→封孔注浆→外部保护
预防措施	（1）新购钢绞线需在试验室做受力性能试验，确认性能指标符合要求后方可用于工程施工。 （2）粘结钢绞线下料时注意检查其表面有无易引起应力集中的腐蚀坑，以及其他质量缺陷，确认无质量缺陷后方可用于制作锚索。 （3）锚索整束张拉之前，先用轻型小千斤顶对各根钢绞线进行对称预紧张拉，使之充分绷直，以使锚索在整体张拉时各根钢绞线能够均匀受力。
处理措施	按照设计及规范要求，在问题锚索孔位两侧重新钻孔、下锚索、注浆、增加格构梁，按要求重复张拉施工（或作业）。

2.5 预应力管桩

2.5.1 沉桩过程中桩头破损

通病描述	在沉桩过程中，桩顶出现混凝土掉角、碎裂、坍塌。

续表

典型照片	 问题照片	 标准照片
原因分析	（1）桩身外形质量不符合规范要求，如桩顶面不平、桩顶平面与桩轴线不垂直、桩顶保护层厚等。 （2）施工机具选择或使用不当。 （3）桩顶与桩帽的接触面不平，桩沉入土中时桩身不垂直，使桩顶面倾斜，造成桩顶局部受集中应力而破损。 （4）沉桩时，桩顶未加缓冲垫或缓冲垫损坏后未及时更换，使桩顶直接承受冲击荷载。 （5）设计要求进入持力层深度过多，施工机械或桩身强度不能满足设计要求。	
规范要求	《建筑地基基础工程施工规范》（GB 51004—2015） 5.5.14 桩帽及打桩垫的设置应符合下列规定： 1 桩帽下部套桩头用的套筒应与桩的外形相匹配，套筒中心应与锤垫中心重合，筒体深度应为 350mm～400mm，桩帽与桩顶周围应留有 5mm～10mm 的空隙； 2 打桩时桩帽套筒底面与桩头之间应设置弹性桩垫，桩垫经锤击压实后的厚度应为 120mm～150mm，且应在打桩期间经常检查，及时更换； 3 桩帽上部直接接触打桩锤的部位应设置锤垫，其厚度应为 150mm～200mm，打桩前应进行检查、校正或更换。 5.5.15 锤击桩送桩器及衬垫设置应符合下列规定： 1 送桩器应与桩的外形相匹配，并应有足够的强度、刚度和耐冲击性，送桩器长度应满足送桩深度的要求，弯曲度不得大于 1‰； 2 送桩器上下两端面应平整，且与送桩器中心轴线相垂直； 3 送桩器下端面应开孔，使空心桩内腔与外界连通； 4 套筒式送桩器下端的套筒深度宜取 250mm～350mm，套筒内壁与桩壁的间隙宜为 10mm～15mm； 5 送桩作业时，送桩器与桩头之间应设置 1 层～2 层衬垫，衬垫经锤击压实后的厚度不宜小 60mm。	

标准工序	定位→桩机到位→吊桩、对中→焊桩尖→压桩→焊接接桩→送桩、终桩→移机→截桩。
预防措施	（1）应根据工程地质条件、桩断面的尺寸及形状，合理地选择桩锤。 （2）沉桩前应对桩质量进行检查，桩顶平面是否垂直于桩轴线，桩尖是否偏斜。对不符合规范要求的桩不得采用，或经过修补后再使用。 （3）检查桩帽与桩的接触面及替打木是否平整，如不平整应进行处理后方能施工。 （4）沉桩时稳桩要垂直，桩顶应加草帘、纸袋、胶皮等缓冲垫，如桩垫失效应及时更换。 （5）根据工程地质条件、现有施工机械能力及桩身混凝土耐冲击的能力，合理确定单桩承载力及施工控制标准。 （6）沉桩过程中发现缓冲垫损坏，应及时停止沉桩，更换并加厚桩垫。 （7）在桩头加桩帽，加强对桩头的保护。
处理措施	取出破损桩进行报废处理，使用符合要求的桩重新接桩，继续沉桩。

2.5.2 沉桩深度达不到设计要求

通病描述	勘察精度不准、设计考虑不周或在压桩施工过程中桩身断裂不能继续压入等多种原因，致使沉桩深度达不到设计的最终控制要求。
典型照片	  问题照片　　　　　　　　标准照片
原因分析	（1）勘察精度不足和持力层的起伏高程不明，致使设计考虑持力层或选择桩尖标高程有误，设计要求超过施工机械能力或桩身混凝土强度。 （2）勘察未探明局部软、硬夹层或软夹层及地下障碍物，打桩施工过程中遇到硬夹层或地下障碍物，难以达到设计要求的施工控制标准。

续表

原因分析	（3）群桩施工时，布桩过密互相挤实，选择施打顺序不合理，导致沉桩不到位。 （4）桩锤选择太小或太大，使桩沉不到位或沉过设计要求的控制高程。 （5）桩顶被打碎或桩身被打断，致使桩不能继续打入。
规范要求	《建筑地基基础工程施工规范》（GB 51004—2015） 5.5.13 桩锤的选用应根据地质条件、桩型、桩的密集程度、单桩竖向承载力及现有施工条件等因素确定。 5.5.16 锤击沉桩时应符合下列规定： 1 地表以下有厚度为10m以上的流塑性淤泥土层时，第一节桩下沉后宜设置防滑箍进行接桩作业； 2 桩锤、桩帽及送桩器应和桩身在同一中心线上，桩插入时的垂直度偏差不得大于1/200； 3 沉桩顺序应按先深后浅、先大后小、先长后短、先密后疏的次序进行； 4 密集桩群应控制沉桩速率，宜自中间向两个方向或四周对称施打，一侧毗邻建（构）筑物或设施时，应由该侧向远离该侧的方向施打。 5.5.17 压桩机的型号和配重的选用应根据地质条件、桩型、桩的密集程度、单桩竖向承载力及现有施工条件等因素确定。设计压桩力不应大于机架和配重重量的0.9倍。边桩净空不能满足中置式压桩机施压时，宜选用前置式液压压桩机进行施工。 5.5.19 静压桩沉桩顺序应符合本规范第5.5.16条的规定，沉桩路线不宜交叉或重叠。 5.5.20 施压大面积密集桩群时，可按本规范第10.0.9条的规定执行，并应采取辅助措施。 10.0.9 沉桩时减少振动与挤土的措施宜为开挖防震沟、控制沉桩速率、预钻孔沉桩、设置砂井或塑料排水板、设置隔离桩、合理安排沉桩流程。
标准工序	定位→桩机到位→吊桩、对中→焊桩尖→压桩→焊接接桩→送桩、终桩→移机→截桩。
预防措施	（1）详细探明工程地质情况，必要时应做补勘；正确选择持力层或高程，根据工程地质条件、桩断面及自重合理选择施工机械、施工方法及行车路线。 （2）遇有硬夹层时，可采用植桩法、射水法或气吹法施工。植桩法施工即先钻孔，把硬夹层钻透，然后把桩插进于孔内，再打至设计高程。 （3）选择合理的打桩顺序，特别是柱基群桩，应选用"Z"字形打桩顺序，或从中间分开往两侧对称施打的顺序。

续表

预防措施	（4）选择桩锤应以重锤低击的原则。 （5）桩基础工程正式施打前，应做工艺试桩，以校核勘探与设计的合理性，重大工程还应做荷载试验桩，确定能否满足设计要求。
处理措施	（1）如果承载力达不到要求，应进行接桩，继续送桩，直至达到设计深度。 （2）因岩土层太硬无法穿透，应补充地勘资料，确认地质情况，根据地质条件重新制定打桩方案。

2.5.3 桩身断裂或倾斜

通病描述	打桩施工过程中，桩身出现倾斜，甚至偏位以及断桩情况。
典型照片	  问题照片　　　　　　　　标准照片
原因分析	（1）桩身在施工中出现较大弯曲，在反复的集中荷载作用下，当桩身不能承受抗弯强度时，即产生断裂。 （2）桩身混凝土强度等级未达到设计强度即进行运输与沉桩。 （3）在桩沉入过程中，某部位土软硬不均匀，造成突然倾斜。 （4）未平整场地，打桩机底盘未保持水平。
规范要求	《建筑地基基础工程施工质量验收标准》（GB 50202—2018） 5.5.2 施工中应检验接桩质量、锤击及静压的技术指标、垂直度以及桩顶标高等。 5.5.3 施工结束后应对承载力及桩身完整性等进行检验。 5.5.4 钢筋混凝土预制桩质量检验标准应符合表5.5.4-1、表5.5.4-2的规定。

桩身出现明显倾斜

续表

| | | | | | 2.5 预应力管桩 |

表5.5.4-1 锤击预制桩质量检验标准

项	序	检查项目	允许值或允许偏差		检查方法
			单位	数值	
主控项目	1	承载力	不小于设计值		静载试验、高应变法等
	2	桩身完整性	—		低应变法
一般项目	1	成品桩质量	表面平整，颜色均匀，掉角深度小于10mm，蜂窝面积小于总面积的0.5%		查产品合格证
	2	桩位	本标准表5.1.2		全站仪或用钢尺量
	3	电焊条质量	设计要求		查产品合格证
	4	接桩：焊缝质量	本标准表5.10.4		本标准表5.10.4
		电焊结束后停歇时间	min	≥8(3)	用表计时
		上下节平面偏差	mm	≤10	用钢尺量
		节点弯曲矢高	同桩体弯曲要求		用钢尺量
	5	收锤标准	设计要求		用钢尺量或查沉桩记录
	6	桩顶标高	mm	±50	水准测量
	7	垂直度	≤1/100		经纬仪测量

注 括号中为采用二氧化碳气体保护焊时的数值。

表5.5.4-2 静压预制桩质量检验标准

项	序	检查项目	允许值或允许偏差		检查方法
			单位	数值	
主控项目	1	承载力	不小于设计值		静载试验、高应变法等
	2	桩身完整性	—		低应变法
一般项目	1	成品桩质量	本标准表5.5.4-1		查产品合格证
	2	桩位	本标准表5.1.2		全站仪或用钢尺量
	3	电焊条质量	设计要求		查产品合格证
	4	接桩：焊缝质量	本标准表5.10.4		本标准表5.10.4
		电焊结束后停歇时间	min	≥6(3)	用表计时
		上下节平面偏差	mm	≤10	用钢尺量
		节点弯曲矢高	同桩体弯曲要求		用钢尺量
	5	终压标准	设计要求		现场实测或查沉桩记录
	6	桩顶标高	mm	±50	水准测量
	7	垂直度	≤1/100		经纬仪测量
	8	混凝土灌芯	设计要求		查灌注量

注 电焊结束后停歇时间项括号中为采用二氧化碳气体保护焊时的数值。

规范要求

标准工序	定位→桩机到位→吊桩、对中→焊桩尖→压桩→焊接接桩→送桩、终桩→移机→截桩。
预防措施	（1）施工前,应将地下障碍物,如旧墙基、条石、大块混凝土等清理干净。 （2）沉桩过程中，如发现桩不垂直应及时纠正。 （3）桩在堆放、起吊、运输过程中，发现桩开裂超过有关规定时，不得使用。 （4）地质比较复杂的工程，应加密地质探孔，详细描述。 （5）场地应平整，如不平应在打桩机行走轮下加垫板等物。
处理措施	（1）补桩加固。在检测报废的桩附近增加预应力管桩或钻孔灌注桩以补足设计对承载力的要求。 （2）压密注浆。在管芯中注入砂石混凝土进行补强。

2.5.4 接桩处松脱或开裂

通病描述	长桩打入作业时，多节接长施工完毕后检查完整性发现接桩处出现松脱或开裂现象。
典型照片	  问题照片　　　　　　　　　　标准照片
原因分析	（1）接头处连接角钢长度未达到设计要求。 （2）焊接不连续，焊腿尺寸不足，上下节桩间隙垫铁不充实，致使桩接头处吻合不好。 （3）遇密实砂层，穿透或进入持力层要求过高，造成锤击数增加，桩身受到拉、压应力的交替循环作用，使角钢焊缝打裂开焊，接头脱桩。
规范要求	《建筑地基基础工程施工规范》（GB 51004—2015） 5.5.9　接桩时，接头宜高出地面0.5m～1.0m，不宜在桩端进入硬土层时停顿或接桩。单根桩沉桩宜连续进行。 5.5.10　焊接接桩应符合下列规定：

续表

规范要求	1 上下节桩接头端板表面应清洁干净。 2 下节桩的桩头处宜设置导向瓶，接桩时上下节桩身应对中，错位不宜大于 2mm，上下节桩段应保持顺直。 3 预应力桩应在坡口内多层满焊，每层焊缝接头应错开，并应采取减少焊接变形的措施。 4 焊接宜沿桩四周对称进行，坡口、厚度应符合设计要求，不应有夹渣、气孔等缺陷。 5 桩接头焊好后应进行外观检查，检查合格后必须经自然冷却，方可继续沉桩，自然冷却时间宜符合表 5.5.10 的规定，严禁浇水冷却，或不冷却就开始沉桩。 表 5.5.10　　　　自然冷却时间（min） | 锤击桩	静压桩	采用二氧化碳气体保护焊
---	---	---
8	6	3	 6 雨天焊接时，应采取防雨措施。 5.5.11　采用螺纹接头接桩应符合下列规定： 1 接桩前应检查桩两端制作的尺寸偏差及连接件，无受损后方可起吊施工； 2 接桩时，卸下上下节桩两端的保护装置后，应清理接头残物，涂上润滑脂； 3 应采用专用锥度接头对中，对准上下节桩进行旋紧连接； 4 可采用专用链条式扳手进行旋紧，锁紧后两端板尚应有 1mm～2mm 的间隙。 5.5.12　采用机械啮合接头接桩应符合下列规定： 1 上节桩下端的连接销对准下节桩顶端的连接槽口，加压使上节桩的连接销插入下节桩的连接槽内； 2 当地基土或地下水对管桩有中等以上腐蚀作用时，端板应涂厚度为 3mm 的防腐涂料。
标准工序	定位→桩机到位→吊桩、对中→桩尖施工→压桩→接桩→送桩、终桩→移机→截桩。
预防措施	（1）接桩前对连接部位上的杂质、油污进行清理，保证连接部件清洁。 （2）检查校正垂直度，两桩间的缝隙应用薄铁片垫实，焊接应采用双机对称焊。 （3）检查连接部件是否牢固平整和符合设计要求，如有问题须进行修正后才能使用。

处理措施	对焊接接桩达不到要求的应拆除。上下端头板用铁刷子清刷干净,坡口应刷至露出金属光泽,焊接时由2~3名焊工对称进行,焊接层数在2层以上,焊缝应饱满,自然冷却后再施打,冷却时间不少于8~10min,严禁水冷或焊好即打。

2.6 高压旋喷桩

2.6.1 断桩

通病描述	高压旋喷桩桩身不完整,甚至形成断桩。
典型照片	  问题照片　　　　　标准照片
原因分析	(1)喷浆设备出现故障中断施工。 (2)拔管速度、旋转速度及注浆量适配不当,造成桩身直径大小不均匀,浆液有多有少,严重时形成断桩。 (3)土体中含有块石、卵石、混凝土块或其他坚硬块状杂物。 (4)穿过较硬的黏性土,产生颈缩,甚至断桩。
规范要求	《建筑地基基础工程施工规范》(GB 51004—2015) 4.9.2 高压喷射注浆的施工技术参数应符合下列规定: 4 提升速度宜为0.05m/min~0.25m/min,并应根据试桩确定施工参数。 4.9.5 钻机与高压泵的距离不宜大于50m,钻孔定位偏差不得大于50mm。喷射注浆应由下向上进行,注浆管分段提升的搭接长度应大于100mm。 《水电水利工程高压喷射灌浆技术规范》(DL/T 5200—2019) 7.0.7 高喷灌浆宜全孔自下而上连续作业。中途拆卸喷射管时,搭接段应进行复喷,搭接长度不得小于0.2m。

续表

规范要求	7.0.13 高喷灌浆因故中断后恢复施工时，应对中断孔段进行复喷，复喷长度不得小于0.5m。 7.0.16 当地层中水流速度过大或出现集中渗漏时，应先采用静压灌浆或专项措施进行堵水处理，后进行高喷灌浆。
标准工序	测量定位→钻机就位→钻进造孔→终孔检查→高喷台车就位→下管喷射→浆液喷射→旋摆提升→成桩→移机至下一个孔位。
预防措施	（1）施工前对机械设备进行全面检查。 （2）通过试验确定钻进速度、拔管速度以及注浆量。 （3）穿越硬质土层时"轻压慢钻"。 （4）加强施工过程控制，严格执行高喷参数的设计要求。
处理措施	确定断桩位置后，及时将喷嘴放到断桩位置进行补喷。

2.6.2 成桩不均匀

通病描述	高压旋喷桩固结体不均匀或缩径。
典型照片	问题照片（成桩不均匀） 标准照片
原因分析	（1）未根据地质条件，选择合适的喷射方法与机具。 （2）喷浆设备出现故障时中断施工。 （3）拔管速度、旋转速度及注浆量适配不当，造成桩身直径大小不均匀，浆液有多有少。 （4）喷射的浆液与切削的土粒强制搅拌不均匀、不充分。 （5）穿过较硬的黏性土，产生缩径。
规范要求	《建筑地基基础工程施工规范》（GB 51004—2015） 4.9.2 高压喷射注浆的施工技术参数应符合下列规定：

规范要求	1 单管法和二重管法的高压水泥浆浆液流压力宜为 20MPa ~ 30MPa，二重管法的气流压力宜为 0.6MPa ~ 0.8MPa； 2 三重管法的高压水射流压力宜为 20MPa ~ 40MPa，低压水泥浆浆液流压力宜为 0.2MPa ~ 1.0MPa，气流压力宜为 0.6MPa ~ 0.8MPa； 3 双高压旋喷桩注浆的高压水压力宜为 35MPa±2MPa，流量宜为 70L/min ~ 80L/min；高压浆液的压力宜为 20MPa±2MPa，流量宜为 70L/min ~ 80L/min；压缩空气的压力宜为 0.5MPa ~ 0.8MPa，流量宜为 1.0m³/min ~ 3.0m³/min； 4 提升速度宜为 0.05m/min ~ 0.25m/min，并应根据试桩确定施工参数。 《水电水利工程高压喷射灌浆技术规范》（DL/T 5200—2019） 7.0.8 高喷灌浆过程中，出现压力突降或骤增、孔口回浆密度或回浆量异常等情况时，应查明原因，及时处理。
标准工序	测量定位→钻机就位→钻进造孔→终孔检查→高喷台车就位→下管喷射→浆液喷射→旋摆提升→成桩→移机至下一个孔位。
预防措施	（1）根据施工现场实际条件选择合适的施工方法和施工机械。 （2）通过试验确定钻进速度、拔管速度以及注浆量，并在施工中严格执行试验确定的各项参数。 （3）施工前对施工机械进行全面检查。
处理措施	确定成桩不均匀的区段，补喷区域为该区段上下各延伸 0.5m 的范围，由顶部钻孔至补喷区域，使用高压旋喷桩的施工工艺对该区域进行补喷。

2.6.3 桩间结合不密实

通病描述	高压旋喷桩搭接不严密，桩间间隙大。
典型照片	  问题照片　　　　　标准照片

续表

原因分析	喷射的浆液与切削的土粒强制搅拌不均匀、不充分。
规范要求	《建筑地基基础工程施工规范》（GB 51004—2015） 　　4.9.3　高压喷射注浆材料宜采用普通硅酸盐水泥。所用外加剂及掺合料的数量，应通过试验确定。水泥浆液的水灰比宜取 0.8～1.5。 　　4.9.4　钻机成孔直径宜为 90mm～150mm，钻机定位偏差应小于 20mm，钻机安放应水平，钻杆垂直度偏差应小于 1/100。 《水电水利工程高压喷射灌浆技术规范》（DL/T 5200—2019） 　　7.0.4　下喷射管前，应进行地面试喷，检查机械及管路运行情况，并调准喷射方向和摆动角度。 　　7.0.6　当喷头的喷嘴位置下至设计深度，应先按规定参数进行原位喷射，待浆液返出孔口、情况正常后方可开始提升喷射。 　　7.0.8　高喷灌浆过程中，出现压力突降或骤增、孔口回浆密度或回浆量异常等情况时，应查明原因，及时处理。
标准工序	测量定位→钻机就位→钻进造孔→终孔检查→高喷台车就位→下管喷射→浆液喷射→旋摆提升→成桩→移机至下一个孔位。
预防措施	（1）施工前对桩位置进行复核，确保位置准确。 （2）通过试验确定钻进速度、拔管速度以及注浆量，确保桩身完整。
处理措施	确定桩间不密实的位置，可在不密实的两桩之间增设高压旋喷桩，使所有的桩体连接为一个整体。

2.6.4　桩体强度低

通病描述	高压旋喷桩桩体混凝土强度不满足设计要求。
典型照片	  　　问题照片　　　　　　　　　标准照片

（经抽芯检测，桩体水泥强度较低，含其他杂质）

原因分析	（1）浆液水灰比不满足设计要求。 （2）浆液喷射管提升速度过快。 （3）喷射压力不足，小于设计压力值。
规范要求	《建筑地基基础工程施工规范》（GB 51004—2015） 4.9.3　高压喷射注浆材料宜采用普通硅酸盐水泥。所用外加剂及掺合料的数量，应通过试验确定。水泥浆液的水灰比宜取 0.8 ~ 1.5。 《建筑地基基础工程施工质量验收标准》（GB 50202—2018） 4.10.3　施工结束后，应检验桩体的强度和平均直径，以及单桩与复合地基的承载力等。
标准工序	测量定位→钻机就位→钻进造孔→终孔检查→高喷台车就位→下管喷射→浆液喷射→旋摆提升→成桩→移机至下一个孔位。
预防措施	（1）对进场材料进行抽检。 （2）通过试验确定水泥浆液配合比，施工中严格控制配合比。 （3）严格控制拔管速度。 （4）加强施工过程控制，严格执行高喷参数的要求。
处理措施	排查不合格的桩体，进行废桩处理，由设计提供新的桩位，新的桩位必须与原合格桩体衔接上，达到整体止水的作用。

2.7　灌注桩

2.7.1　桩孔偏斜

通病描述	垂直桩不竖直，斜桩斜度不符合要求，桩位偏离设计桩等。
典型照片	问题照片　　　　标准照片

续表

原因分析	（1）钻孔中遇有较大孤石或探头石。 （2）在有倾斜度的软硬地层交界处，岩面倾斜处钻进，或在粒径大小悬殊的砂卵石层中钻进，钻头受力不均。 （3）扩孔较大，钻头摆动偏向一方。 （4）钻机底座未安置水平或产生不均匀沉陷。 （5）钻机弯曲，接头不正。
规范要求	《水利水电工程单元工程施工质量验收评定标准——地基处理与基础工程》（SL 633—2012） 8.0.5 钻孔灌注桩单桩施工质量标准见8.0.5。 表8.0.5 钻孔灌注桩单桩施工质量标准

工序		项次	检验项目	质量要求	检验方法	检验数量
钻孔	主控项目	1	孔位偏差	符合设计和规范要求	钢尺量测	逐桩
		2	孔深	符合设计要求	核定钻杆、钻具长度，或测绳量测	逐桩
		3	孔底沉渣厚度	端承桩不大于50mm；摩擦桩不大于150mm；摩擦端承桩、端承摩擦桩不大于100mm	测锤或沉渣仪测定	逐桩
		4	垂直度偏差	< 1%	同径测斜工具或钻杆内小口径测斜仪或测井仪测定	逐桩
		5	施工记录	齐全、准确、清晰	查看	抽查
	一般项目	1	孔径偏差	≤ 50mm	测井仪测定或钻头量测	逐桩
		2	孔内泥浆密度	≤ 1.25g/cm²（黏土泥浆）；< 1.15g/cm（膨润土泥浆）	比重秤量测	
		3	孔内泥浆含砂率	≤ 8%（黏土泥浆）；< 6%（膨润土泥浆）	含砂量测定仪量测	
		4	孔内泥浆黏度	≤ 28s（黏土泥浆）	500mL/700mL 漏斗量测	
				≤ 22s（膨润土泥浆）	马氏漏斗量测	
钢筋笼制安	主控项目	1	主筋间距偏差	≤ 10mm	钢尺量测	逐桩
		2	钢筋笼长度偏差	≤ 100mm	钢尺量测	
		3	施工记录	齐全、准确、清晰	查看	抽查
	一般项目	1	钢筋间距或螺旋筋螺距偏差	≤ 20mm	钢尺量测	逐桩
		2	钢筋笼直径偏差	≤ 10mm	钢尺量测	
		3	钢筋笼安放偏差	符合设计或规范要求	钢尺量测	

续表

工序	项次	检验项目	质量要求	检验方法	检验数量
规范要求					
混凝土浇筑	主控项目 1	导管埋深	≥1m，且不大于6m	测绳量测	逐桩
	主控项目 2	混凝土上升速度	≥2m/h，或符合设计要求	测绳量测	逐桩
	主控项目 3	混凝土抗压强度等	符合设计要求	室内试验	逐桩
	主控项目 4	施工记录	齐全、准确、清晰	查看	抽查
	一般项目 1	混凝土坍落度	18~22cm	坍落度筒和钢尺量测	逐桩
	一般项目 2	混凝土扩散度	34~38cm	钢尺量测	逐桩
	一般项目 3	浇筑最终高度	符合设计要求	水准仪量测，需扣除桩顶浮浆层	逐桩
	一般项目 4	充盈系数	>1	检查实际灌注量	逐桩

标准工序	布孔放样→钻机就位、成孔→清孔→钢筋笼制安→浇筑混凝土。
预防措施	（1）钻孔前平整场地，确保钻孔机械安装平稳；施工过程中检查钻机底座是否水平。 （2）钻进过程中遇到软硬岩层交接面时"轻压慢钻"。 （3）钻进前对钻头、钻杆进行检查。 （4）钻进过程中适时检查钻头、钻杆。 （5）钻进过程中要实时纠偏，以确保钻孔偏斜在设计范围内。
处理措施	（1）施工过程纠偏。重新调平钻机机架，缓进尺，加强垂直度检测，及时纠偏。 （2）孤石导致的桩孔偏斜。若遇孤石导致桩孔偏斜，应更换钻头重新成孔或挖除回填重新钻孔。

2.7.2　孔底沉渣清理不到位

通病描述	浇筑混凝土前先进行清孔，但清孔后的孔底沉渣厚度仍不符合要求。

续表

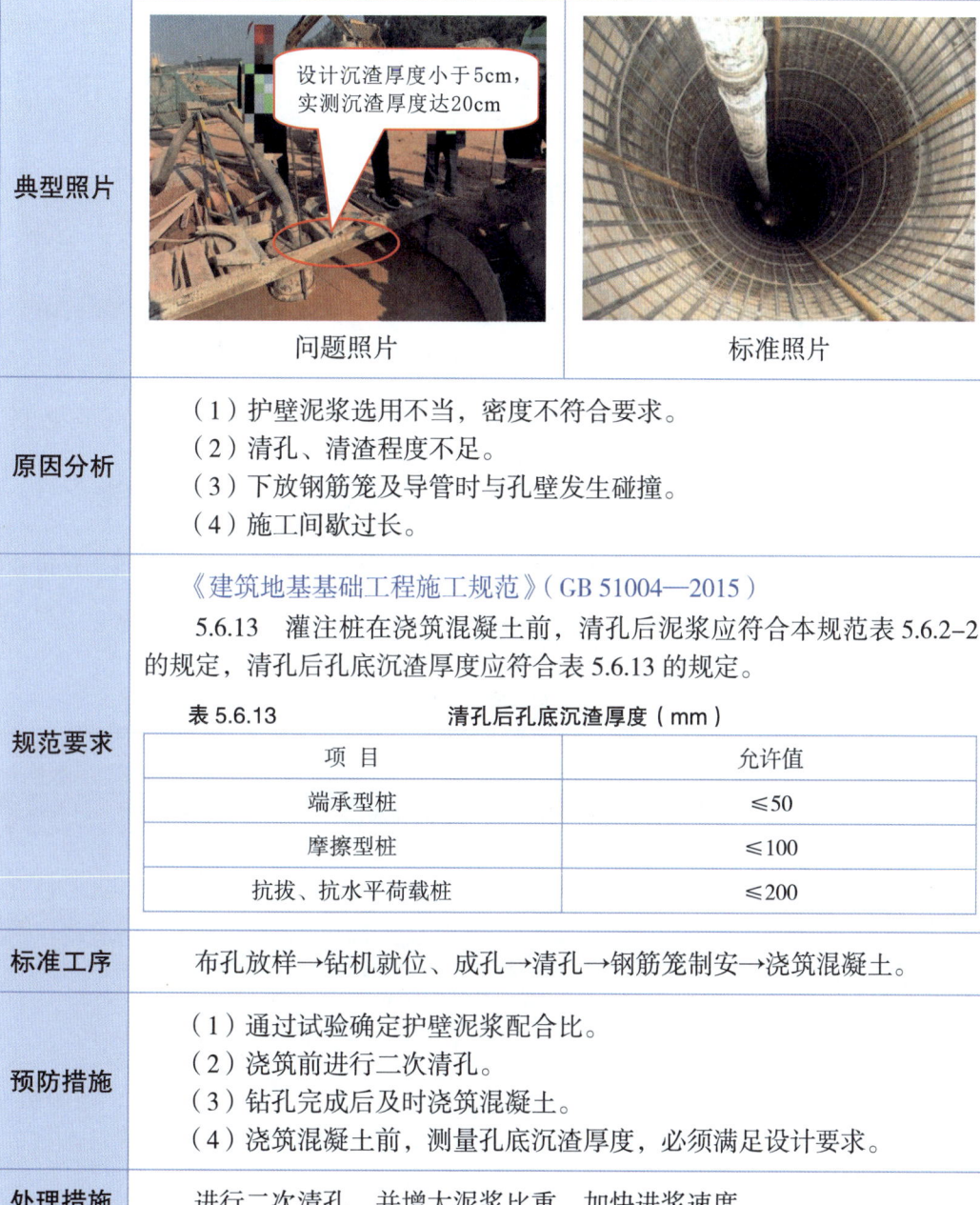

典型照片	问题照片	标准照片
原因分析	（1）护壁泥浆选用不当，密度不符合要求。 （2）清孔、清渣程度不足。 （3）下放钢筋笼及导管时与孔壁发生碰撞。 （4）施工间歇过长。	
规范要求	《建筑地基基础工程施工规范》（GB 51004—2015） 5.6.13 灌注桩在浇筑混凝土前，清孔后泥浆应符合本规范表 5.6.2-2 的规定，清孔后孔底沉渣厚度应符合表 5.6.13 的规定。 表 5.6.13　　　　清孔后孔底沉渣厚度（mm） | 项　目 | 允许值 | |---|---| | 端承型桩 | ≤50 | | 摩擦型桩 | ≤100 | | 抗拔、抗水平荷载桩 | ≤200 |	
标准工序	布孔放样→钻机就位、成孔→清孔→钢筋笼制安→浇筑混凝土。	
预防措施	（1）通过试验确定护壁泥浆配合比。 （2）浇筑前进行二次清孔。 （3）钻孔完成后及时浇筑混凝土。 （4）浇筑混凝土前，测量孔底沉渣厚度，必须满足设计要求。	
处理措施	进行二次清孔，并增大泥浆比重，加快进浆速度。	

2.7.3 灌注桩实际桩身长度、直径与设计要求不符

通病描述	灌注桩实际桩身长度与设计要求不符；灌注桩的桩径有偏差，不满足规范允许偏差的规定。

典型照片	 问题照片（设计桩长6m，实测5m）  标准照片
原因分析	（1）现场施工人员在没有看清楚图纸尺寸情况下就下料制作，导致制作的钢筋笼长度没有达到设计要求的长度。 （2）灌注混凝土时桩孔坍孔，造成孔深扩径，桩身混凝土夹泥。
规范要求	《水利水电工程单元工程施工质量验收评定标准——地基处理与基础工程》（SL 633—2012） 8.0.5 钻孔灌注桩单桩施工质量标准见 8.0.5。 表 8.0.5　　钻孔灌注桩单桩施工质量标准 | 工序	项次		检验项目	质量要求	检验方法	检验数量
---	---	---	---	---	---	---
钻孔	主控项目	1	孔位偏差	符合设计和规范要求	钢尺量测	逐桩
		2	孔深	符合设计要求	核定钻杆、钻具长度，或测绳量测	逐桩
		3	孔底沉渣厚度	端承桩不大于 50mm；摩擦桩不大于 150mm；摩擦端承桩、端承摩擦桩不大于 100mm	测锤或沉渣仪测定	
		4	垂直度偏差	＜ 1%	同径测斜工具或钻杆内小口径测斜仪或测井仪测定	
		5	施工记录	齐全、准确、清晰	查看	抽查
	一般项目	1	孔径偏差	≤ 50mm	测井仪测定或钻头量测	逐桩
		2	孔内泥浆密度	≤ 1.25g/cm^2（黏土泥浆）；＜ 1.15g/cm（膨润土泥浆）	比重秤量测	
		3	孔内泥浆含砂率	≤ 8%（黏土泥浆）；＜ 6%（膨润土泥浆）	含砂量测定仪量测	
		4	孔内泥浆黏度	≤ 28s（黏土泥浆）；≤ 22s（膨润土泥浆）	500mL/700mL 漏斗量测；马氏漏斗量测		

续表

续表

工序	项次	检验项目	质量要求	检验方法	检验数量
钢筋笼制安	主控项目 1	主筋间距偏差	≤10mm	钢尺量测	逐桩
	主控项目 2	钢筋笼长度偏差	≤100mm	钢尺量测	逐桩
	主控项目 3	施工记录	齐全、准确、清晰	查看	抽查
	一般项目 1	钢筋间距或螺旋筋螺距偏差	≤20mm	钢尺量测	逐桩
	一般项目 2	钢筋笼直径偏差	≤10mm	钢尺量测	逐桩
	一般项目 3	钢筋笼安放偏差	符合设计或规范要求	钢尺量测	逐桩
混凝土浇筑	主控项目 1	导管埋深	≥1m，且不大于6m	测绳量测	逐桩
	主控项目 2	混凝土上升速度	≥2m/h，或符合设计要求	测绳量测	逐桩
	主控项目 3	混凝土抗压强度等	符合设计要求	室内试验	逐桩
	主控项目 4	施工记录	齐全、准确、清晰	查看	抽查
	一般项目 1	混凝土坍落度	18~22cm	坍落度筒和钢尺量测	逐桩
	一般项目 2	混凝土扩散度	34~38cm	钢尺量测	逐桩
	一般项目 3	浇筑最终高度	符合设计要求	水准仪量测，需扣除桩顶浮浆层	逐桩
	一般项目 4	充盈系数	>1	检查实际灌注量	逐桩

规范要求

《建筑地基基础工程施工质量验收标准》（GB 50202—2018）

5.1.4 灌注桩的桩径、垂直度及桩位允许偏差应符合表5.1.4的规定。

表5.1.4　　　灌注桩的桩径、垂直度及桩位允许偏差

序号	成孔方法		桩径允许偏差（mm）	垂直度允许偏差	桩位允许偏差（mm）
1	泥浆护壁钻孔桩	$D<1000mm$	≥0	≤1/100	≤70+0.01H
		$D≥1000mm$			≤100+0.01H
2	套管成孔灌注桩	$D<500mm$	≥0	≤1/100	≤70+0.01H
		$D≥500mm$			≤100+0.01H
3	干成孔灌注桩		≥0	≤1/100	≤70+0.01H
4	人工挖孔桩		≥0	≤1/200	≤50+0.005H

注　1　H为桩基施工面至设计桩顶的距离（mm）；
　　2　D为设计桩径（mm）。

续表

标准工序	布孔放样→钻机就位、成孔→清孔→测量孔深、孔径→钢筋笼制安→浇筑混凝土。
预防措施	（1）钻头直径必须满足设计要求，钻进过程中随时检查钻头磨损情况。 （2）通过测量钻头加钻杆长度和孔口捞样判断孔深是否达到设计要求，必要时可原位钻孔取样。 （3）钻孔完成后及时灌注混凝土，灌注前进行二次清孔。
处理措施	（1）接桩。若桩底达到设计高程，桩的长度不足，则继续向上接桩，接桩处理措施需满足设计对桩的完整性要求。 （2）废桩。直径未达标或无法接桩时，复核短桩是否满足使用及安全要求，若达不到要求则作废桩处理。

2.8 钢板桩

2.8.1 钢板桩入土深度与设计不符

通病描述	现场出现钢板桩入土深度与设计不符的情况。
典型照片	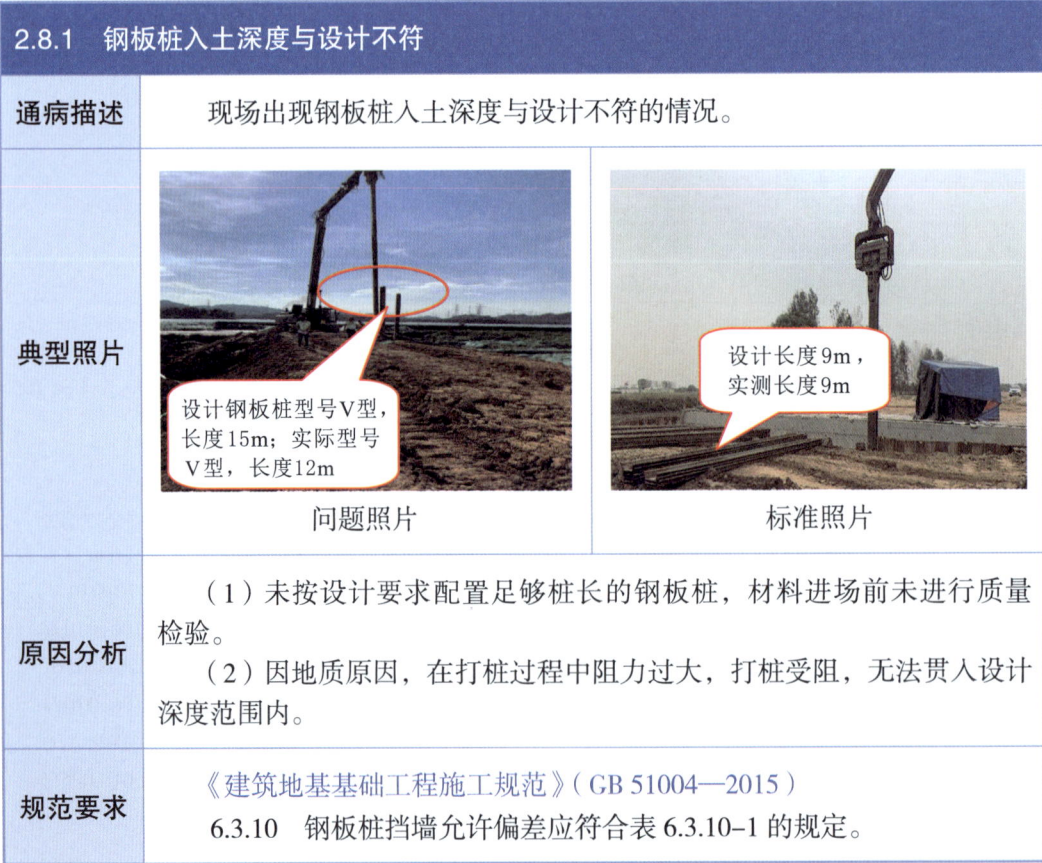 问题照片　　　　　　标准照片 （问题照片标注：设计钢板桩型号V型，长度15m；实际型号V型，长度12m） （标准照片标注：设计长度9m，实测长度9m）
原因分析	（1）未按设计要求配置足够桩长的钢板桩，材料进场前未进行质量检验。 （2）因地质原因，在打桩过程中阻力过大，打桩受阻，无法贯入设计深度范围内。
规范要求	《建筑地基基础工程施工规范》（GB 51004—2015） 6.3.10　钢板桩挡墙允许偏差应符合表 6.3.10-1 的规定。

续表

规范要求	表 6.3.10-1 钢板桩挡墙允许偏差					
	项目	允许偏差或允许值	检查数量		检查方法
			范围	点数	
	轴线位置（mm）	≤100	每10m（连续）	1	经纬仪及尺量
	桩顶标高（mm）	±100	每20根	1	水准仪
	桩长（mm）	±100	每20根	1	尺量
	桩垂直度	≤1/100	每20根	1	线锤及直尺
标准工序	桩位放样→施打设备进场→吊送钢板桩→安装定位架→插桩→锤击沉桩→停锤（桩顶标高控制）→桩机移动（直至施工结束）。				
预防措施	材料进场验收检验，严格按实际要求配备钢板桩。				
处理措施	（1）拔除钢板桩。更换符合设计长度的钢板桩重新施打。 （2）协商处理。如阻力过大，无法贯入到设计深度时，应查明地质原因，会同设计、监理协商处理。				

2.8.2 钢板桩桩身偏斜

通病描述	钢板桩在施工过程中发生偏斜。
典型照片	  问题照片　　　　　　　标准照片
原因分析	（1）钢板桩在软土地区施工，设计的嵌固深度不够。 （2）在挖土作业时由于挖土机及运土车在钢板桩侧，增加了土的地面荷载，导致桩顶侧移。 （3）在打钢板桩时，由于连接锁口处的阻力大于钢板桩周围的阻力，板桩行进方向对钢板桩的贯入阻力小，钢板桩头部便向阻力小的方向位移。

规范要求	《建筑地基基础工程施工规范》（GB 51004—2015） 6.3.10 钢板桩挡墙允许偏差应符合表 6.3.10-1 的规定。 表 6.3.10-1　　　　　钢板桩挡墙允许偏差 | 项目	允许偏差或允许值	检查数量 范围	检查数量 点数	检查方法 | |---|---|---|---|---| | 轴线位置（mm） | ≤100 | 每10m（连续） | 1 | 经纬仪及尺量 | | 桩顶标高（mm） | ±100 | 每20根 | 1 | 水准仪 | | 桩长（mm） | ±100 | 每20根 | 1 | 尺量 | | 桩垂直度 | ≤1/100 | 每20根 | 1 | 线锤及直尺 |
标准工序	桩位放样→施打设备进场→吊送钢板桩→安装定位架→插桩→锤击沉桩→停锤（桩顶标高控制）→桩机移动（直至施工结束）。
预防措施	（1）钢板桩施工后应及时实施横向支撑。 （2）适当增加钢板桩入土深度。 （3）严格控制基坑周围一定范围内施工机械的行走或停放，严禁在基坑坡顶周边堆土。 （4）钢板桩施工过程中，应及时纠正偏斜。
处理措施	（1）拔除钢板桩，重新施打。 （2）若因孤石（石层）导致偏斜，把孤石（石层）挖除回填后重新施打。

2.8.3 钢板桩未咬合

通病描述	钢板桩未咬合，不能顺利合拢。
典型照片	  问题照片　　　　　　　标准照片

续表

原因分析	（1）钢板桩锁口有缺损和变形。 （2）施工过程中操作不当。 （3）钢板桩倾斜。 （4）插桩时锁扣未对准。
规范要求	《建筑地基基础工程施工规范》（GB 51004—2015） 6.3.6　钢板桩施工应符合下列规定： 2　钢板桩打入前应进行验收，桩体不应弯曲，锁口不应有缺损和变形，钢板桩锁口应通过套锁检查后再施工。
标准工序	桩位放样→施打设备进场→吊送钢板桩→安装定位架→插桩→锤击沉桩→停锤（桩顶标高控制）→桩机移动（直至施工结束）。
预防措施	（1）对施工机械操作人员进行上岗培训与考核，不合格者严禁上岗。 （2）施工过程中设置专人指挥值守。 （3）钢板桩打入前应进行验收，确保无缺损和变形。
处理措施	拔除未咬合的钢板桩后，重新施打。

第3章 混凝土工程

3.1 混凝土外观质量

3.1.1 蜂窝

通病描述	混凝土结构局部砂浆少、石子多、石子之间有空隙,形成类似蜂窝状的结构。
典型照片	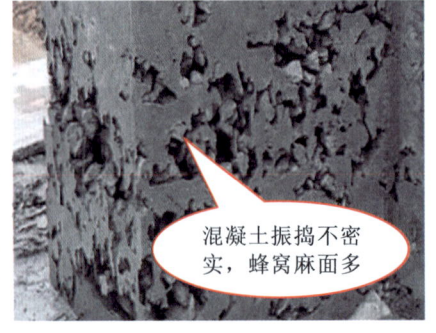 混凝土振捣不密实,蜂窝麻面多 问题照片　　 表面平整光滑,无蜂窝麻面 标准照片
原因分析	(1)混凝土和易性差,配合比不合理。 (2)混凝土下料过高,造成混凝土离析。 (3)混凝土没有分段、分层灌注,振捣不充分或漏振。 (4)模板孔隙、接缝封堵不严密,导致混凝土漏浆。 (5)钢筋过密,混凝土石子粒径过大或者坍落度过小。 (6)基础、柱、墙根部未加间歇就继续灌注上层混凝土。
规范要求	《水利水电工程单元工程施工质量验收评定标准——混凝土工程》(SL 632—2012) 4.7.3　外观质量检查标准见表4.7.3。

续表

	表 4.7.3		外观质量检查标准		
	项次	检验项目	质量要求	检验方法	检验数量
	一般项目	3 麻面、蜂窝	麻面、蜂窝累计面积不超过0.5%，经处理符合设计要求	观察	全部

规范要求

《混凝土结构工程施工规范》(GB 50666—2011)

8.9 混凝土缺陷修整

8.9.1 混凝土结构缺陷可分为尺寸偏差缺陷和外观缺陷。尺寸偏差缺陷和外观缺陷可分为一般缺陷和严重缺陷。混凝土结构尺寸偏差超出规范规定，但尺寸偏差对结构性能和使用功能未构成影响时，应属于一般缺陷；而尺寸偏差对结构性能和使用功能构成影响时，应属于严重缺陷。外观缺陷分类应符合表 8.9.1 的规定。

表 8.9.1		混凝土结构外观缺陷分类	
名称	现 象	严重缺陷	一般缺陷
蜂窝	混凝土表面缺少水泥砂浆而形成石子外露	构件主要受力部位有蜂窝	其他部位有少量蜂窝

8.9.2 施工过程中发现混凝土结构缺陷时，应认真分析缺陷产生的原因。对严重缺陷施工单位应制定专项修整方案，方案应经论证审批后再实施，不得擅自处理。

《水工混凝土施工规范》（SL 677—2014）

11.4.4 混凝土拆模后，应检查其外观质量。有混凝土裂缝、蜂窝、麻面、错台和模板走样等质量问题或缺陷时应及时检查和处理。

标准工序

脱模剂涂刷→模板制安→模板验收→检查混凝土配合比及和易性→混凝土分层分段浇筑→振捣→混凝土初期养护→模板拆除→混凝土龄期养护。

预防措施

（1）加强对商品混凝土质量控制，从出料口取样检查混凝土配合比及和易性。

（2）控制下料高度以及分层厚度。

（3）混凝土浇灌应分层下料，分层振捣，防止漏振。

（4）混凝土浇筑前，应加强"模系验收"，保证模板支撑稳定，模板缝应堵塞严密，防止漏浆，浇灌中应随时检查模板的稳定情况。

（5）钢筋密集区域或型钢与钢筋结合区域应选用小型振动棒辅助振捣，加密振捣点，并应适当延长振捣时间。

（6）保持混凝土浇筑连续性，已初凝的混凝土不得入仓。

续表

处理措施	（1）蜂窝面积较小。洗刷干净后，用1∶2或1∶2.5水泥砂浆抹平压实。 （2）蜂窝面积较大。 1）较大蜂窝，凿去蜂窝处松散骨料颗粒，基面清理干净后，用强度高一等级细石混凝土填塞捣实。 2）较深蜂窝，如清除困难，可埋压浆管、排气管，表面抹砂浆或灌筑混凝土封闭后，进行水泥压浆处理。

3.1.2 麻面

通病描述	混凝土表面局部粗糙或有小凹坑、麻点、气泡等，形成粗糙面，但混凝土表面无钢筋外露现象。
典型照片	  问题照片　　　　　　　标准照片
原因分析	（1）模板表面粗糙或附着水泥浆渣等杂物未清理干净，拆模时混凝土与模板粘连。 （2）模板未浇水湿润或湿润不够，表面混凝土的水分被吸去，使混凝土失水过多出现麻面。 （3）模板拼缝不严，局部漏浆。 （4）混凝土振捣不充分，气泡未排出，在模板表面形成麻点。 （5）混凝土和易性差或存在过振导致产生离析泌水。
规范要求	《水利水电工程单元工程施工质量验收评定标准——混凝土工程》（SL 632—2012） 4.7.3 外观质量检查标准见表4.7.3。 表4.7.3　　　　　外观质量检查标准 | 项次		检验项目	质量要求	检验方法	检验数量
---	---	---	---	---	---
一般项目	3	麻面、蜂窝	麻面、蜂窝累计面积不超过0.5%，经处理符合设计要求	观察	全部	

续表

规范要求	《混凝土结构工程施工规范》(GB 50666—2011) 8.9 混凝土缺陷修整 8.9.1 混凝土结构缺陷可分为尺寸偏差缺陷和外观缺陷。尺寸偏差缺陷和外观缺陷可分为一般缺陷和严重缺陷。混凝土结构尺寸偏差超出规范规定，但尺寸偏差对结构性能和使用功能未构成影响时，应属于一般缺陷；而尺寸偏差对结构性能和使用功能构成影响时，应属于严重缺陷。外观缺陷分类应符合表 8.9.1 的规定。 表 8.9.1　　　　　　　　混凝土结构外观缺陷分类 | 名称	现象	严重缺陷	一般缺陷
外表缺陷	构件表面麻面、掉皮、起砂、沾污等	具有重要装饰效果的清水混凝土构件有外表缺陷	其他混凝土构件有不影响使用功能的外表缺陷 | 8.9.2 施工过程中发现混凝土结构缺陷时，应认真分析缺陷产生的原因。对严重缺陷施工单位应制定专项修整方案，方案应经论证审批后再实施，不得擅自处理。 《水工混凝土施工规范》（SL 677—2014） 11.4.4 混凝土拆模后，应检查其外观质量。有混凝土裂缝、蜂窝、麻面、错台和模板走样等质量问题或缺陷时应及时检查和处理。
---	---
标准工序	模板表面清理→脱模剂涂刷→模板制安→模板验收→检查混凝土配合比及和易性→混凝土分层分段浇筑→振捣→混凝土初期养护→模板拆除→混凝土龄期养护。
预防措施	（1）模板表面清理干净，不得粘有干硬水泥砂浆等杂物。 （2）浇筑混凝土前，模板应浇水充分湿润。 （3）模板缝隙应用油毡纸、腻子等堵严，模板隔离剂应选用长效的，涂刷均匀，不得漏刷。 （4）混凝土应分层均匀振捣密实，每一位置的振捣时间以混凝土表面平坦泛浆、不冒气泡、不显著下沉为准，防止欠振、漏振或过振。 （5）混凝土进场时检查配合比及和易性。
处理措施	（1）对麻面缺陷，表面作粉刷的，可不处理。 （2）对麻面缺陷，表面无粉刷的，应在麻面部位浇水充分湿润后，用水泥净浆或 1∶2 水泥砂浆处理，将麻面抹平压光，并按要求养护。

3.1.3 孔洞

通病描述	钢筋混凝土结构中有尺寸较大的孔洞，钢筋局部或全部裸露。
典型照片	  问题照片（混凝土浇筑振捣不到位，出现孔洞）　　　标准照片
原因分析	（1）在钢筋较密的部位或预留孔洞和埋件处，混凝土下料粗骨料堆积，未振捣或振捣不到位就继续浇筑上层混凝土。 （2）混凝土一次下料过多、过厚、过高，振捣不充分，导致形成松散孔洞。 （3）仓内砖块、石块等杂物未清除。
规范要求	《水利水电工程单元工程施工质量验收评定标准——混凝土工程》（SL 632—2012） 4.7.3　外观质量检查标准见表4.7.3。 表4.7.3　外观质量检查标准 ｜项次｜检验项目｜质量要求｜检验方法｜检验数量｜ ｜---｜---｜---｜---｜---｜ ｜一般项目 2｜孔洞｜单个面积不超过0.01m^2，且深度不超过骨料最大粒径。经处理符合设计要求。｜观察、量测｜全部｜ 《混凝土结构工程施工规范》(GB 50666—2011) 8.9　混凝土缺陷修整 8.9.1　混凝土结构缺陷可分为尺寸偏差缺陷和外观缺陷。尺寸偏差缺陷和外观缺陷可分为一般缺陷和严重缺陷。混凝土结构尺寸偏差超出规范规定，但尺寸偏差对结构性能和使用功能未构成影响时，应属于一般缺陷；而尺寸偏差对结构性能和使用功能构成影响时，应属于严重缺陷。外观缺陷分类应符合表8.9.1的规定。

续表

规范要求	表 8.9.1 混凝土结构外观缺陷分类
	<table><tr><td>名称</td><td>现象</td><td>严重缺陷</td><td>一般缺陷</td></tr><tr><td>孔洞</td><td>混凝土中孔穴深度和长度均超过保护层厚度</td><td>构件主要受力部位有孔洞</td><td>其他部位有少量孔洞</td></tr></table> 8.9.2 施工过程中发现混凝土结构缺陷时，应认真分析缺陷产生的原因。对严重缺陷施工单位应制定专项修整方案，方案应经论证审批后再实施，不得擅自处理。 《水工混凝土施工规范》（SL 677—2014） 11.4.4 混凝土拆模后，应检查其外观质量。有混凝土裂缝、蜂窝、麻面、错台和模板走样等质量问题或缺陷时应及时检查和处理。
标准工序	脱模剂涂刷→模板制安→清仓→模板验收→混凝土浇筑交底→浇筑→振捣→混凝土初期养护→模板拆除→混凝土龄期养护。
预防措施	（1）在钢筋密集处及复杂部位，采用细石混凝土浇灌，分层振捣密实。 （2）预留孔洞，应两侧同时下料，侧面加开下料窗口，兼做振捣窗口，严防漏振。 （3）控制下料高度以及分层厚度。 （4）浇筑混凝土前及时将仓内杂物清除干净。
处理措施	将孔洞周围的松散混凝土和浮浆凿除，用压力水冲洗，湿润后用高强度等级细石混凝土进行修复，并加强养护。

3.1.4 烂根

通病描述	墙柱根部有夹渣、小孔洞、漏浆、不密实等现象。
典型照片	  问题照片　　　　　　　　标准照片

	续表
原因分析	（1）模板底部未找平、缝隙堵塞不严、漏浆导致的"烂根"现象。 （2）施工缝位置未按规范要求凿毛处理，混凝土浇筑前未铺筑同配合比的水泥砂浆。 （3）混凝土和易性差，水灰比过大，造成石子沉入底部。 （4）混凝土浇筑高度过高，混凝土集中一处下料，造成混凝土离析或石子成堆。 （5）混凝土振捣插入深度不够，振捣不均匀、不密实，存在漏振。
规范要求	《混凝土结构工程施工规范》(GB 50666—2011) 8.9 混凝土缺陷修整 8.9.1 混凝土结构缺陷可分为尺寸偏差缺陷和外观缺陷。尺寸偏差缺陷和外观缺陷可分为一般缺陷和严重缺陷。混凝土结构尺寸偏差超出规范规定，但尺寸偏差对结构性能和使用功能未构成影响时，应属于一般缺陷；而尺寸偏差对结构性能和使用功能构成影响时，应属于严重缺陷。外观缺陷分类应符合表8.9.1的规定。 表8.9.1　　　　　　　混凝土结构外观缺陷分类 | 名称 | 现象 | 严重缺陷 | 一般缺陷 | |---|---|---|---| | 连接部位缺陷 | 构件连接处混凝土有缺陷及连接钢筋、连接件松动 | 连接部位有影响结构传力性能的缺陷 | 连接部位有基本不影响结构传力性能的缺陷 | 8.9.2 施工过程中发现混凝土结构缺陷时，应认真分析缺陷产生的原因。对严重缺陷施工单位应制定专项修整方案，方案应经论证审批后再实施，不得擅自处理。
标准工序	脱模剂涂刷→模板制安→模板验收→混凝土浇筑→振捣→混凝土初期养护→模板拆除。
预防措施	（1）模板缝隙宽度超过2.5mm时应予以填塞严密，特别要防止侧板吊脚。 （2）浇筑混凝土前先浇筑50mm厚的同强度等级水泥砂浆。 （3）混凝土入仓时防止离析措施。 （4）控制混凝土浇筑厚度，防止漏振。
处理措施	（1）凿去墙柱根部薄弱松散的混凝土及松动石子，凿出一条U形凹槽。 （2）用钢丝刷或压力水洗刷槽内杂物，对钢筋表面进行除锈，多次洗刷直至干净，湿润槽壁。 （3）在墙体根部斜支模板。模板支设要牢固，防止混凝土强度未达到要求之前受到扰动。

续表

处理措施	（4）用粒径 10 ~ 20mm 细石混凝土（比原混凝土标号高一级）进行浇筑，仔细填塞、捣实。 （5）加强养护。 （6）混凝土强度达到要求后，拆除模板，剔除凸出的多余混凝土。

3.1.5 露筋

通病描述	钢筋混凝土结构的主筋、副筋或箍筋等裸露在表面，没有被混凝土包裹。
典型照片	  问题照片　　　　　　　　　标准照片
原因分析	（1）浇筑混凝土时，混凝土保护层厚度不足，钢筋保护层垫块位移或垫块太少或漏放，致使钢筋紧贴模板外露。 （2）结构构件截面小，钢筋过密，石子卡在钢筋上，使水泥砂浆不能充满钢筋周围，造成露筋。 （3）混凝土配合比不当，产生离析，模板部位缺浆或模板漏浆。 （4）混凝土振捣不充分；施工过程中振捣棒撞击钢筋或人员踩踏钢筋造成露筋。 （5）木模板未浇水湿润，吸水黏结或脱模过早，拆模时缺棱、掉角，导致露筋。
规范要求	《混凝土结构工程施工规范》(GB 50666—2011) 8.9　混凝土缺陷修整 8.9.1　混凝土结构缺陷可分为尺寸偏差缺陷和外观缺陷。尺寸偏差缺陷和外观缺陷可分为一般缺陷和严重缺陷。混凝土结构尺寸偏差超出规范规定，但尺寸偏差对结构性能和使用功能未构成影响时，应属于一般缺陷；而尺寸偏差对结构性能和使用功能构成影响时，应属于严重缺陷。外观缺陷分类应符合表 8.9.1 的规定。

第3章 混凝土工程

续表

规范要求	表8.9.1 混凝土结构外观缺陷分类			
	名称	现象	严重缺陷	一般缺陷
	露筋	构件内钢筋未被混凝土包裹而外漏	纵向受力钢筋有露筋	其他钢筋有少量露筋
	8.9.2 施工过程中发现混凝土结构缺陷时，应认真分析缺陷产生的原因。对严重缺陷施工单位应制定专项修整方案，方案应经论证审批后再实施，不得擅自处理。			

标准工序	钢筋制安→垫块安设→模板制安→钢筋、模板、保护层预留厚度验收→混凝土浇筑→混凝土初期养护→模板拆除。
预防措施	（1）混凝土浇筑，应保证钢筋位置和保护层厚度正确，并加强检验，钢筋密集时，应选用适当粒径的石子，保证混凝土配合比准确和良好的和易性。 （2）浇灌高度超过2m，应用串筒或溜槽进行下料，以防止离析。 （3）模板应充分湿润并认真堵好缝隙。 （4）混凝土振捣严禁撞击钢筋，操作时，避免踩踏钢筋，如有踩弯或脱扣等应及时调整直正。 （5）确保保护层厚度满足设计要求，混凝土浇筑应分层振捣密实。 （6）正确掌握脱模时间，防止过早拆模、碰坏棱角。
处理措施	（1）表面露筋。可在混凝土表面破损部位清理完毕后对钢筋锈蚀区进行防腐处理，采用环氧砂浆对破损区进行修补，将露筋部位抹平。 （2）露筋较深。凿去薄弱混凝土和突出颗粒，冲洗干净，采用比原来高一级的细石混凝土填塞振捣密实。

3.1.6 缺棱掉角

通病描述	混凝土局部掉落，不规整，棱角有缺陷。	
典型照片	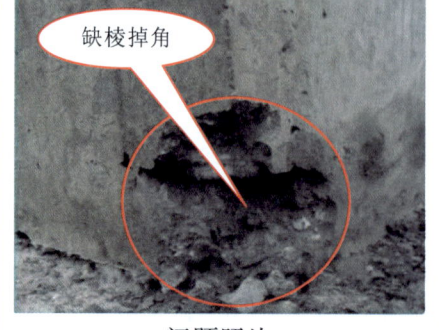	
	问题照片	标准照片

续表

原因分析	（1）模板未涂刷隔离剂，或涂刷不均；木模板未充分浇水湿润或湿润不够。 （2）混凝土浇筑后养护不好，造成脱水，强度低；转角部位模板未清理干净，拆模时，棱角被粘掉。 （3）过早拆除侧面模板；拆模时，边角受外力或重物撞击。 （4）成品保护不好，棱角混凝土被碰掉。
规范要求	《混凝土结构工程施工规范》(GB 50666—2011) 8.9 混凝土缺陷修整 8.9.1 混凝土结构缺陷可分为尺寸偏差缺陷和外观缺陷。尺寸偏差缺陷和外观缺陷可分为一般缺陷和严重缺陷。混凝土结构尺寸偏差超出规范规定，但尺寸偏差对结构性能和使用功能未构成影响时，应属于一般缺陷；而尺寸偏差对结构性能和使用功能构成影响时，应属于严重缺陷。外观缺陷分类应符合表 8.9.1 的规定。 表 8.9.1　　　　　混凝土结构外观缺陷分类 	名称	现象	严重缺陷	一般缺陷
---	---	---	---
外形缺陷	缺棱掉角、棱角不直、翘曲不平、飞边凸肋等	清水混凝土构件有影响使用功能或装饰效果的外形缺陷	其他混凝土构件有不影响使用功能的外形缺陷 | 《水利水电工程单元工程施工质量验收评定标准——混凝土工程》（SL 632—2012） 4.7.3 外观质量检查标准见表 4.7.3。 表 4.7.3　　　　　外观质量检查标准 | 项次		检验项目	质量要求	检验方法	检验数量
---	---	---	---	---	---
主控项目	3	重要部位缺损	不允许，应修复使其符合设计要求	观察、仪器检测	全部
一般项目	3	错台、跑模、掉角	经处理符合设计要求	观察、量测	全部	
标准工序	脱模剂涂刷→模板制安→模板验收→混凝土浇筑→振捣→混凝土初期养护→模板拆除。
预防措施	（1）指定专人监控投料，投料计量准确，控制混凝土搅拌时间，保证混凝土质量。

续表

预防措施	（2）严格控制混凝土浇筑工艺，模板应清理到位，并涂刷脱模剂，混凝土入仓后振捣密实。 （3）应在混凝土强度能保证其表面及棱角不受损坏时方能拆模。 （4）拆除时对构件棱角应予以保护。
处理措施	凿除损坏部位松散颗粒，冲洗充分湿润后，视破损程度用1∶2水泥砂浆抹补齐整，或支模用比原来高一强度等级的细石混凝土捣实补好，认真养护。

3.1.7 表面不平整

通病描述	混凝土表面凹凸不平，或板厚薄不一，表面不平。
典型照片	  问题照片　　　　　　　　标准照片
原因分析	（1）混凝土浇筑至面层时，未采用长刮尺整面等收面措施；或整面时局部区域混凝土低洼未及时填平。 （2）混凝土浇筑后，未能配备足够人员按规定时间、规定次数完成收面、找平、压光，造成表面粗糙不平。 （3）模板未支承在坚硬土层上，或支撑松动、泡水，致使新浇筑混凝土发生不均匀下沉。 （4）安装模板时部分螺栓未完全紧固，致使浇筑过程中因侧压力过大导致变形、跑模。 （5）混凝土刚开始初凝，有人在上面行走或堆物，使表面出现凹陷不平或印痕。 （6）混凝土浇筑时表面析水未及时清除，形成水坑。

续表

规范要求	《水利水电工程单元工程施工质量验收评定标准——混凝土工程》（SL 632—2012） 4.7.3 外观质量检查标准见表4.7.3。 表4.7.3　　　　　外观质量检查标准 | 项次	检验项目	质量要求	检验方法	检验数量
主控项目 1	平整度	符合设计要求	使用2m靠尺或专用工具检查	100m²以上的表面检查6~10个点；100m²以下的表面检查3~5个点	
---	---
标准工序	脱模剂涂刷→模板制安→模板验收→混凝土浇筑→振捣→找平压光→混凝土初期养护→模板拆除。
预防措施	（1）严格按施工规范操作，浇筑混凝土后，应根据水平控制标志或弹线完成收面、找平、压光，终凝后浇水养护。 （2）模板及支架体系应有足够的强度、刚度和稳定性，支架体系应支持在坚实地基上，有足够的支承面积，防止浸水，以保证不发生下沉。 （3）在浇筑混凝土时，加强检查，凝土强度达到1.2N/mm²以上，方可在已浇结构上走动。
处理措施	局部明显洼坑或表面严重不平整的混凝土面层凿毛、冲洗，视程度用高标号砂浆补平。

3.1.8 错台

通病描述	模板接缝处出现高低差。
典型照片	问题照片（混凝土表面错台）　　标准照片

续表

原因分析	（1）后浇筑结构模板与先浇筑结构已拆模的混凝土接触不严密，支撑、固定不牢靠。 （2）模板拼缝经反复拆装，企口变形严重或支模时模板垂直度控制不好，相邻两块模板错缝。 （3）相邻两块模板对拉螺杆松紧程度不一，模板胀开。 （4）混凝土浇筑速度过快，侧压力比较大，模板及支撑体系刚度不足，导致模板接缝处错台。 （5）上下层模板结合不紧密，有较大间隙；混凝土浇筑过程中发生跑模现象。
规范要求	《混凝土结构工程施工规范》（GB 50666—2011） 4.4.2　模板制作与安装时，面板拼缝应严密。 4.4.4　支架立柱和竖向模板安装在土层上时，应符合下列规定： 1　应设置具有足够强度和支承面积的垫板； 2　土层应坚实，并应有排水措施；对湿陷性黄土、膨胀土，应有防水措施；对冻胀性土，应有防冻胀措施； 3　对软土地基，必要时可采用堆载预压的方法调整模板面板安装高度。 4.4.5　安装模板时，应进行测量放线，并应采取保证模板位置准确的定位措施。对竖向构件的模板及支架，应根据混凝土一次浇筑高度和浇筑速度，采取竖向模板抗侧移、抗浮和抗倾覆措施。对水平构件的模板及支架，应结合不同的支架和模板面板形式，采取支架间、模板间及模板与支架间的有效拉结措施。对可能承受较大风荷载的模板，应采取防风措施。 《水利水电工程单元工程施工质量验收评定标准——混凝土工程》（SL 632—2012） 4.7.3　外观质量检查标准见表4.7.3。 表4.7.3　　　　　　外观质量检查标准 | 项次		检验项目	质量要求	检验方法	检验数量
---	---	---	---	---	---
一般项目	3	错台、跑模、掉角	经处理符合设计要求	观察、量测	全部	
标准工序	脱模剂涂刷→模板制安→模板验收→混凝土浇筑→振捣→找平压光→混凝土初期养护→模板拆除。
预防措施	（1）加强过程控制，验收时集中检查其模板的几何尺寸，重点检查模板加固情况，保证模板及支撑体系满足受力要求，保证其刚度、强度、稳定性。 （2）模板校正时必须拉通线，100%的吊线坠检查验收，对模板接缝部位进行加强连接，避免浇筑过程中产生错台。

续表

预防措施	（3）控制分层浇筑、分层振捣的浇筑方法，确保混凝土浇筑质量，保证观感合格。
处理措施	（1）将错台凸出部分凿除，比周边混凝土表面略深。 （2）用钢丝刷将新茬表面刷干净，并用水冲洗使混凝土接合面充分湿润。 （3）用高标号的水泥砂浆压入接合面，压实抹平。

3.1.9 挂帘

通病描述	浇筑混凝土时，水泥浆从模板边缘缝隙流出，在已浇筑完成的混凝土表面形成帘状流痕。
典型照片	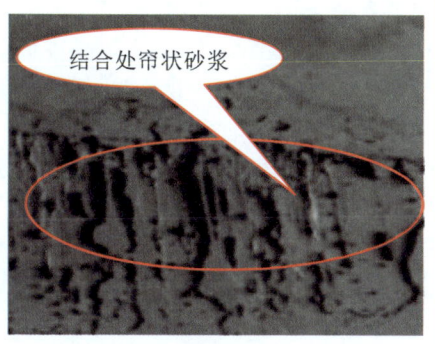 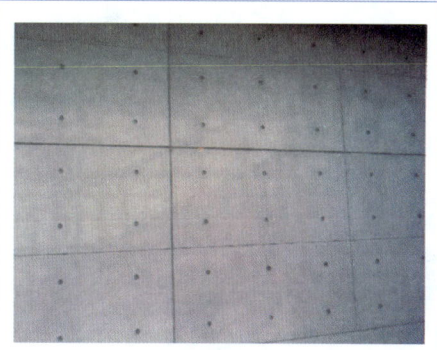 问题照片（结合处帘状砂浆） 　　　　标准照片
原因分析	上下层模板结合不紧密，有缝隙。
规范要求	《混凝土结构工程施工规范》（GB 50666—2011） 8.9　混凝土缺陷修整 8.9.1　混凝土结构缺陷可分为尺寸偏差缺陷和外观缺陷。尺寸偏差缺陷和外观缺陷可分为一般缺陷和严重缺陷。混凝土结构尺寸偏差超出规范规定，但尺寸偏差对结构性能和使用功能未构成影响时，应属于一般缺陷；而尺寸偏差对结构性能和使用功能构成影响时，应属于严重缺陷。外观缺陷分类应符合表 8.9.1 的规定。 表 8.9.1　　　　　　混凝土结构外观缺陷分类 | 名称	现象	严重缺陷	一般缺陷
---	---	---	---
外表缺陷	构件表面麻面、掉皮、起砂、沾污等	具有重要装饰效果的清水混凝土构件有外表缺陷	其他混凝土构件有不影响使用功能的外表缺陷	

续表

规范要求	8.9.2 施工过程中发现混凝土结构缺陷时，应认真分析缺陷产生的原因。对严重缺陷施工单位应制定专项修整方案，方案应经论证审批后再实施，不得擅自处理。
标准工序	脱模剂涂刷→模板制安→模板验收→混凝土浇筑→振捣→找平压光→混凝土初期养护→模板拆除。
预防措施	（1）首先，要求模板有足够的刚度且边缘平整，对已经使用过的模板，安装前一定要进行校正。 （2）其次是模板安装时，须保证模板间拼接紧密、支撑牢固，整体刚度足够。特别需加强模板与老混凝土之间的紧固，因为这是挂帘的多发点。如浇筑高度大，最好在上一仓拆模时保留最上一块模板，与新浇筑仓模板拼接。 （3）注意混凝土浇筑过程的跟进工作，对模板受力后的变形实时监测，对变形模板及时调整。当混凝土浇至 1/3、1/2 高度时，需对模板支撑件各紧固一次，待浇筑完成时再紧固一次，可有效防止挂帘现象的发生。 （4）浇筑过程中，安排专人对浇筑仓号进行盯控，发现漏浆及时处理，采用高压水在浆液凝结前，对漏浆进行冲洗。
处理措施	切除、打磨至设计标准。

3.1.10 混凝土表面裂缝

通病描述	混凝土表面出现网状、龟裂状裂缝，或者平行排列或鸡爪状排布的塑性收缩开裂等。
典型照片	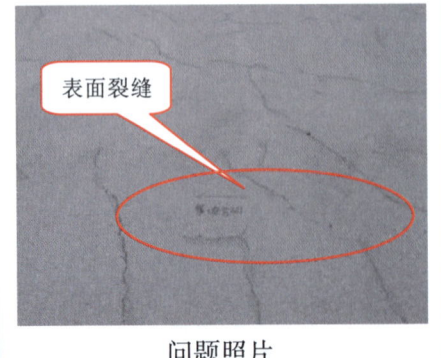  问题照片　　　　　　　标准照片

续表

原因分析	（1）混凝土水灰比大，浇筑振捣使面层形成较厚水泥砂浆，混凝土凝固过程中表面水分过快散失，导致干缩裂缝。 （2）混凝土养护不当、不及时，养护时间短，表面失水过快，表面发生龟裂。 （3）混凝土温控措施不当，内外温差大。 （4）拆模时间过早，混凝土强度不足以支撑自重而开裂。
规范要求	《混凝土结构工程施工规范》(GB 50666—2011) 8.9　混凝土缺陷修整 8.9.1　混凝土结构缺陷可分为尺寸偏差缺陷和外观缺陷。尺寸偏差缺陷和外观缺陷可分为一般缺陷和严重缺陷。混凝土结构尺寸偏差超出规范规定，但尺寸偏差对结构性能和使用功能未构成影响时，应属于一般缺陷；而尺寸偏差对结构性能和使用功能构成影响时，应属于严重缺陷。外观缺陷分类应符合表8.9.1的规定。 表8.9.1　混凝土结构外观缺陷分类 	名称	现象	严重缺陷	一般缺陷
---	---	---	---
裂缝	缝隙从混凝土表面延伸至混凝土内部	构件主要受力部位有影响结构性能或使用功能的裂缝	其他部位有少量不影响结构性能或使用功能的裂缝 | 《水利水电工程单元工程施工质量验收评定标准——混凝土工程》（SL 632—2012） 4.7.3　外观质量检查标准见表4.7.3。 表4.7.3　外观质量检查标准 | 项次		检验项目	质量要求	检验方法	检验数量
---	---	---	---	---	---
一般项目	4	表面裂缝	短小、深度不大于钢筋保护层厚度的表面裂缝经处理符合设计要求	观察、量测	全部	
标准工序	钢筋制安→垫块安设→模板制安→钢筋、模板、保护层预留厚度验收→混凝土浇筑→混凝土初期养护→模板拆除。
预防措施	（1）加强砂石料含水率检测，及时调整拌合用水量，混凝土在运输和泵送过程中严禁加水。 （2）混凝土浇筑完成后，应对混凝土进行保水养护，如采用草垫、土工布、塑料膜覆盖，洒水保湿。

预防措施	（3）控制混凝土的入模温度。夏季施工，砂石料、搅拌机应搭设遮阳棚，用冷水冲洗碎石降温，尽量安排在夜间浇筑混凝土。 （4）混凝土拆模时的强度必须符合设计或规范要求，严禁未经试验人员同意提前脱模，脱模时不得损伤混凝土。
处理措施	（1）对浆材难以灌入的、深度未达到钢筋表面、不漏水、不伸缩以及不活动的裂缝采用表面涂抹和表面贴补法处理。 （2）对宽度小于0.3mm和深度较浅的裂缝，可开V形槽，然后做填充处理。 （3）经检查，长裂缝较深时，应会同设计、监理等人员专题讨论处理措施。

3.2 混凝土防渗墙

3.2.1 导墙变形

通病描述	导墙出现不均匀下沉、裂缝、倾斜、断裂、倒塌等情况。
典型照片	问题照片（导墙倾斜变形）　　标准照片
原因分析	（1）成槽机柔性悬吊装置偏心，抓斗未安置水平。 （2）成槽中遇坚硬土层。 （3）在有倾斜度的软硬地层处成槽。 （4）入槽时抓斗摆动，偏离方向。 （5）未按仪表显示纠偏。 （6）成槽掘削顺序不当，压力过大。

续表

规范要求	**《水利水电工程混凝土防渗墙施工技术规范》（SL 174—2014）** 4.0.4 导墙的结构形式、尺寸、力学指标等，应根据防渗墙体厚度、深度、导墙下土质情况以及施工机械等施工荷载综合考虑确定，并应符合下列要求： 1 导墙应建在坚实的地基上，如地基土质松散或软弱时，修建导墙前应采取加固措施。 2 导墙高度宜在 1.0～2.0m 之间。 3 导墙内侧间距宜比防渗墙厚度大 50～200mm。 4 导墙外侧填土应夯实。夯实填土时，导墙间应采取措施防止倒墙倾覆或位移。 5 导墙施工后应做好相应的力支撑。 12.0.1 导强严重变形，影响成槽施工时，可采取下列方法处理： 1 局部加固支撑。 2 改善导墙地基条件。 3 重新修筑挡墙或在变形破坏部位补贴一段导墙。 **《水利水电工程单元工程施工质量验收评定标准——地基处理与基础工程》（SL 633—2012）** 5.1.5 混凝土防渗墙施工质量标准见表 5.1.5。 表 5.1.5　　　　　　　混凝土防渗墙施工质量标准

工序	项次		检测项目		质量要求	检验方法	检验数量
造孔	主控项目	1	槽孔孔深		不小于设计孔深	钢尺或测绳量测	逐槽
		2	孔斜率		符合设计要求	重锤法或测井法量测	逐孔
		3	施工记录		齐全、准确、清晰	查看	查看
	一般项目	1	槽孔中心偏差		≤30mm	钢尺量测	逐孔
		2	槽孔宽度		符合设计要求（包括接头搭接厚度）	测井仪或量测钻头	逐槽
清孔	主控项目	1	接头刷洗		符合设计要求，孔底淤积不再增加	查看，测绳量测	逐槽
		2	孔底淤积		≤100mm	测绳量测	
		3	施工记录		齐全、准确、清晰	查看	
	一般项目	1	孔内泥浆密度	黏土	≤1.30g/cm²	比重秤量测	逐槽
				膨润土	根据地层情况或现场试验确定		
		2	孔内泥浆黏度	黏土	≤30g	500mL/700mL漏斗量测	
				膨润土	根据地层情况或现场试验确定	马氏漏斗量测	

续表

工序	项次		检测项目		质量要求	检验方法	检验数量
规范要求	清孔	一般项目	3	孔内泥浆含砂量	黏土	≤10%	含砂量测量仪量测	逐槽
					膨润土	根据地层情况或现场试验确定		
	混凝土浇筑	主控项目	1	导管埋深		≥1m，不宜大于6m	测绳量测	逐槽
			2	混凝土上升速度		≥2m/h	测绳量测	
			3	施工记录		齐全、准确、清晰	查看	
		一般项目	1	钢筋笼、预埋件，仪器安装理设		符合设计要求	钢尺量测	逐项
			2	导管布置		符合规范或设计	钢尺或测绳量测	逐槽
			3	混凝土面高差		≤0.5m	测绳量测	
			4	混凝土最终高度		不小于设计高程0.5m	测绳量测	
			5	混凝土配合比		符合设计要求	现场检验	逐批
			6	混凝土扩散度		34~40cm	现场试验	逐槽或逐批
			7	混凝土坍落度		18~22cm，或符合设计要求	现场试验	
			8	混凝土抗压强度、抗渗等级、弹性模量等		符合抗压、抗渗、弹模等设计指标	室内试验	
			9	特殊情况处理		处理后符合设计要求	现场查看、记录检查	逐项

标准工序	测量放样→开挖→钢筋绑扎→混凝土浇筑→养护。
预防措施	（1）按规范和设计要求施工导墙，导墙内钢筋应按要求搭接或焊接。 （2）适当提高导墙顶高程或增加导墙深度。 （3）加固导墙下的软弱地基。 （4）施工平台周围设置排水沟或降水井、坑。 （5）导墙内侧加设支撑。 （6）增加分散施工和机械荷载的设施，使导墙受力均匀。
处理措施	（1）在导墙之间增设钢管支撑。 （2）更换轻型成槽机械，减轻导墙承受的施工荷载。 （3）变形严重时需挖除回填重新修建导墙。

3.2.2 槽孔偏斜

通病描述	槽孔斜率过大，相邻槽孔搭接不上，混凝土防渗墙墙体不连续。

续表

原因分析	（1）悬吊钻头或抓斗斗体的位置偏心，钻头或抓斗斗体本身偏重。 （2）造孔机械安装不稳固，造孔时发生位置移动。 （3）造孔时遇到孤石、探头石或有一定倾斜度的软硬换层界面。 （4）变断面、扩孔或因地层松散坍塌部位，钻头或斗体因摆动而偏离原方向。 （5）成槽掘削顺序不当，钻头或抓斗斗体两侧受力不均，导致偏向较软一侧。
规范要求	《水利水电工程混凝土防渗墙施工技术规范》（SL 174—2014） 6.0.16　槽孔建造质量应按下列要求控制： 1　槽壁应平整垂直，不应有梅花孔、小墙等。 2　孔位允许偏差不大于30mm。 3　槽孔深度（包括入岩深度）应满足设计要求。 4　孔斜率：成槽施工时不应大于4‰。遇含孤石地层及基岩陡坡等特殊情况，应控制在6‰以内。采用钻劈法时，接头套接孔的两次孔位中心在任一深度的偏差值，不应大于设计墙厚的1/3。并应采取相应措施保证设计墙厚。下设接头管的端孔斜率，应保证接头管顺利下设和起拔。
标准工序	测量放样→修建导墙→泥浆制备→机械成槽→钢筋笼制安→混凝土浇筑→下一槽段。
预防措施	（1）开钻前，调整悬吊装置与位置，使钻头或抓斗斗体和孔轴心在同一条直线上，并保持造孔机械安设平稳、底座水平。 （2）遇大孤石、探头石或坚硬地层，尽量采用冲击钻进，辅以定向或聚能爆破措施处理。 （3）在软硬换层界面或扩孔、塌孔严重部位，应控制造孔速度并加密测量孔斜的频次。 （4）尽可能采用两序成墙顺序，间隔造孔，合理安排掘削顺序，使造孔机具造孔时两侧受力均匀。 （5）造孔期间应按规定测量孔斜，一旦发现超偏，采取上下往复扫孔或用卵砾石、小块石及低强度等级混凝土充填超偏部位并进行二次造孔等处理措施。
处理措施	（1）轻微偏斜时调整并固定成槽机械进行扫孔。 （2）严重偏斜时，回填黏土后二次成槽。 （3）若遇孤石导致槽孔偏斜，更换冲孔式机械成槽。

3.2.3 钢筋笼位置不符合要求

通病描述	钢筋笼在混凝土浇筑施工过程中产生变形、移位。
典型照片	  问题照片　　　　　　　　　标准照片
原因分析	（1）未在制作平台上放样成型，部分尺寸偏差过大；在水平运输和空中翻转起吊时钢筋笼扭曲、变形，无法下设；定位块安设后，钢筋笼尺寸超过槽孔直径。 （2）槽孔孔壁平整度差，主要是槽壁有拐角，小墙未凿除干净，有探头石、严重弯曲或偏斜部位存在。 （3）钢筋笼重量太轻，槽底沉渣过厚，未将钢筋笼固定在导墙上，导管埋藏深度过大，混凝土浇筑速度过快。
规范要求	《水利水电工程混凝土防渗墙施工技术规范》（SL 174—2014） 10.1.5　钢筋笼制作允许偏差应符合下列规定： 1　主筋间距　±10mm。 2　箍筋和加强筋间距　±20mm。 3　钢筋笼长度　±50mm。 4　钢筋笼的弯曲度不大于1%。 10.1.6　钢筋笼入槽定位允许偏差应符合下列规定： 1　标高　±50mm。 2　垂直墙轴线方向　±20mm。 3　沿轴线方向　±50mm。
标准工序	测量放样→修建导墙→泥浆制备→机械成槽→钢筋笼制安→混凝土浇筑→下一槽段。
预防措施	（1）在平整地面或平台上加工钢筋笼；焊接和绑扎部位牢固；在笼体中部增设足够度的水平和垂直向加固桁架或在拉筋处设置受力均匀、强度足够的吊点；严格控制钢筋笼形尺寸，在两侧设置带导向的定位块。 （2）分节下送钢筋笼时，上、下节钢筋笼均应在铅直状态下对接，对接后要求对称施焊或机械连接，避免形成纵向弯曲。

混凝土防渗墙　3.2

续表

预防措施	（3）保证清孔、换浆质量，控制槽底淤积厚度在允许范围内。 （4）在导墙上设置锚固点固定钢筋笼。 （5）适当控制浇筑速度，不宜过快或过慢；并使导管最大埋深不超过6m。 （6）对尺寸偏差过大、已严重变形的钢筋笼，应拆除重新加工或加固处理；尺寸合格的钢筋笼下放不顺利时，应避免强行下送，在修整槽壁后再行吊放；对于钢筋笼上浮应及时在上部加压重使其回复原位，并在导墙上加设锚固点以控制继续上浮。
处理措施	（1）增设架立筋，加大钢筋笼的刚度。 （2）清孔、扫孔后调整钢筋笼位置。 （3）混凝土浇筑过程中放缓浇筑速度，防止钢筋笼上浮。

3.2.4　墙体连接处渗漏

通病描述	墙体与墙体相接后发现封闭不严，产生渗漏通道，出现渗水、漏水或涌水等现象。
典型照片	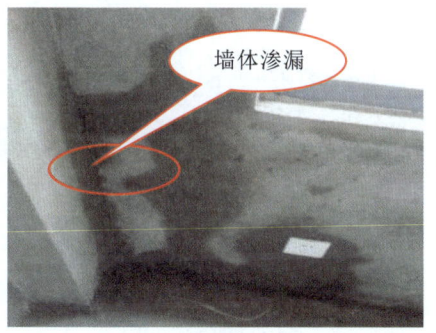 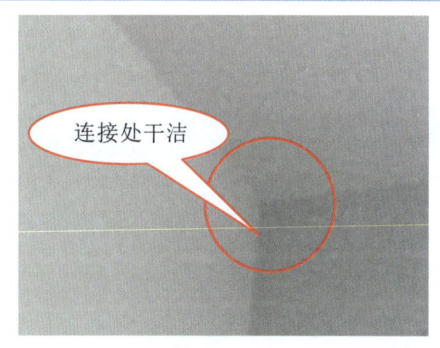 问题照片　　　　　　　　标准照片
原因分析	（1）后施工槽孔清孔时未将已浇墙体端头上的泥皮和钻渣刷洗干净。 （2）槽孔清孔不彻底，部分沉淀或混凝土絮凝物被推挤到墙段接头处或导管之间。 （3）墙与墙连接部位清理不干净，导致混凝土浇筑后，局部夹渣部位形成渗漏通道。
规范要求	《水利水电工程混凝土防渗墙施工技术规范》（SL 174—2014） 12.0.7　防渗墙墙体发生断墙或混凝土严重混浆时，可选择下列方法处理： 1　凿除已浇筑的混凝土，重新成槽、清孔、混凝土浇筑。 2　在需要处理的墙段迎水侧补贴一段新墙。

续表

规范要求	3 在需要处理的墙段迎水面进行水泥灌浆或高压喷射灌浆处理。 4 用地质钻机在墙体内钻孔。对夹泥层用高压水冲洗，洗净后采用水泥灌浆或高压喷射灌浆处理。 《水利水电工程单元工程施工质量验收评定标准——地基处理与基础工程》（SL 633—2012） 5.1.5 混凝土防渗墙施工质量标准见表 5.1.5。 表 5.1.5　　　　　混凝土防渗墙施工质量标准 （见下表）

工序	项次		检测项目		质量要求	检验方法	检验数量
造孔	主控项目	1	槽孔孔深		不小于设计孔深	钢尺或测绳量测	逐槽
		2	孔斜率		符合设计要求	重锤法或测井法量测	逐孔
		3	施工记录		齐全、准确、清晰	查看	查看
	一般项目	1	槽孔中心偏差		≤30mm	钢尺量测	逐孔
		2	槽孔宽度		符合设计要求（包括接头搭接厚度）	测井仪或量测钻头	逐槽
清孔	主控项目	1	接头刷洗		符合设计要求，孔底淤积不再增加	查看，测绳量测	逐槽
		2	孔底淤积		≤100mm	测绳量测	
		3	施工记录		齐全、准确、清晰	查看	
	一般项目	1	孔内泥浆密度	黏土	≤1.30g/cm²	比重秤量测	逐槽
				膨润土	根据地层情况或现场试验确定		
		2	孔内泥浆黏度	黏土	≤30g	500mL/700mL漏斗量测	
				膨润土	根据地层情况或现场试验确定	马氏漏斗量测	
		3	孔内泥浆含砂量	黏土	≤10%	含砂量测量仪量测	
				膨润土	根据地层情况或现场试验确定		
混凝土浇筑	主控项目	1	导管埋深		≥1m，不宜大于6m	测绳量测	逐槽
		2	混凝土上升速度		≥2m/h	测绳量测	
		3	施工记录		齐全、准确、清晰	查看	
	一般项目	1	钢筋笼、预埋件，仪器安装理设		符合设计要求	钢尺量测	逐项
		2	导管布置		符合规范或设计	钢尺或测绳量测	逐槽
		3	混凝土面高差		≤0.5m	测绳量测	
		4	混凝土最终高度		不小于设计高程0.5m	测绳量测	
		5	混凝土配合比		符合设计要求	现场检验	逐批

续表

工序	项次	检测项目	质量要求	检验方法	检验数量
规范要求					续表

工序		项次	检测项目	质量要求	检验方法	检验数量
混凝土浇筑	一般项目	6	混凝土扩散度	34～40cm	现场试验	逐槽或逐批
		7	混凝土坍落度	18～22cm，或符合设计要求	现场试验	
		8	混凝土抗压强度、抗渗等级、弹性模量等	符合抗压、抗渗、弹模等设计指标	室内试验	
		9	特殊情况处理	处理后符合设计要求	现场查看、记录检查	逐项

标准工序	场地平整→修建导墙→成槽→钢筋笼制安→混凝土浇筑→下一槽段。
预防措施	（1）后施工槽孔清孔时采用与端头形状一致的钢丝刷子或刮泥器等工具紧贴接头进行刷洗，将表面附着物清除干净。 （2）按要求做好清孔换浆工作，确保孔内泥浆的密度、黏度和含砂率三项指标满足要求。
处理措施	在槽段墙体连接处钻孔，再采取高压旋喷桩止水。

3.2.5 槽底沉渣清理不到位

通病描述	未按要求在浇筑前进行沉渣清理或清理不到位，槽底淤积厚度不满足要求。
典型照片	  问题照片　　　　　　标准照片

续表

原因分析	（1）护壁泥浆选用不当，密度不符合要求。 （2）清孔清渣不到位。 （3）下放钢筋笼及导管时与孔壁发生碰撞。 （4）施工间歇过长。
规范要求	《水利水电工程混凝土防渗墙施工技术规范》（SL 174—2014） 6.0.19　清孔换浆完成1h后应进行检验，并应达到下列质量要求： 1　孔底淤积厚度不大于100mm。 6.0.20　清孔检验合格后，应于4h内开浇混凝土，因吊放钢筋笼或其他埋设件不能在4h内开浇混凝土的槽孔，浇筑前应重新测量淤积厚度，如超过100mm须再次清孔。
标准工序	场地平整→修建导墙→成槽→钢筋笼制安→混凝土浇筑→下一槽段。
预防措施	（1）清孔后槽底泥浆淤积厚度一定要符合规范要求。 （2）清孔后下放钢筋笼和导管时间尽量缩短。 （3）要保证清孔后下放钢筋笼和导管不与孔壁碰撞，并在4h内开浇混凝土。 （4）若清孔后下设钢筋笼和导管时间过长，应用导管二次清孔。
处理措施	（1）二次清孔。 （2）增大泥浆比重，加快进浆速度。

3.2.6　防渗层断层、夹层

通病描述	浇筑槽孔过程中导管埋深未按要求控制，局部出现导管脱离混凝土面的情况，导致产生防渗墙有断层、夹层。
典型照片	  问题照片　　　　　　　　标准照片

（断层、夹层）

续表

原因分析	（1）浇筑管摊铺面积不够，部分角落浇筑不到，被泥渣填充。 （2）浇筑管埋置深度不够，泥渣从底口进入混凝土内。 （3）导管接头不严密，泥浆渗入导管内。 （4）浇筑混凝土量不足，未能将泥浆与混凝土隔开。 （5）混凝土未连续浇筑，造成间断或浇筑时间过长，首批混凝土初凝失去流动性，而继续浇筑的混凝土顶破顶层而上升，与泥渣混合，导致在混凝土中夹有泥渣，形成夹层。 （6）导管提升过猛，或测探错误，导管底口超出原混凝土面底口，涌入泥浆。 （7）混凝土浇筑时局部塌孔。
规范要求	《水利水电工程混凝土防渗墙施工技术规范》（SL 174—2014） 8.1.8　混凝土浇筑过程中应遵守下列规定： 1　导管埋入混凝土的最小深度不宜小于 2m，最大深度也不宜大于 6m，在混凝土面上升较快时，可适当加大，但不宜超过 8m；当混凝土顶面接近孔口或设计墙顶高程时，为便于混凝土流动，导管埋深可适当减小，但不宜小于 1m。 2　混凝土面上升速度不应小于 2m/h。 3　混凝土面应均匀上升，各处高差应控制在 500mm 以内；相邻导管底部高差不宜超过 3.0m。 4　至少每隔 30min 测量 1 次槽孔内混凝土面深度，每隔 2h 测量 1 次导管内的混凝土面深度，并在现场填绘混凝土浇筑指示图。 5　槽孔口应设置盖板，避免混凝土由导管外撒落槽孔内。 8.1.10　防渗墙墙体应均匀完整，不应有混浆、夹泥、断墙、孔洞等。
标准工序	场地平整→修建导墙→成槽→钢筋笼制安→混凝土浇筑→下一槽段。
预防措施	（1）按规范要求控制水下混凝土的浇筑。 （2）使用合格的导管，认真试配并选用混凝土配合比，按要求进行清孔换浆。 （3）在易坍塌地层中，应加快浇筑速度；浇筑时遇塌孔，可将混凝土上部的泥土吸出，继续浇筑。
处理措施	增加灌浆，做压水实验确认透水率满足设计要求。

3.3 喷射混凝土

3.3.1 土钉（锚杆）挂网不合格	
通病描述	（1）钢筋网规格尺寸与设计要求不符。 （2）钢筋网与土钉（锚杆）外端的焊接与规范要求不符，未连接形成一个整体。
规范要求	《岩土锚杆与喷射混凝土支护工程技术规范》（GB 50086—2015） 6.4.17　钢筋网喷射混凝土中的施工应符合下列规定： 1　钢筋使用前应清除污锈； 2　钢筋网宜在受喷面喷射一层混凝土后铺设，钢筋与壁面的间隙宜为30mm； 3　采用双层钢筋网时，第二层钢筋网应在第一层钢筋网被混凝土覆盖后铺设； 4　钢筋网应与锚杆或其他锚定装置联结牢固，喷射时钢筋不得晃动； 5　喷射时应适当减小喷头与受喷面的距离； 6　清除脱落在钢筋网上的疏松混凝土。
标准工序	基面清理→埋设检测标志桩→挂网→喷射混凝土→养护。
预防措施	（1）加强原材料的质量检验，喷锚网的制作尺寸规格符合设计要求，焊锚牢固。 （2）必须严格按照设计和规程规范施工。
处理措施	按设计要求的钢筋网直径与间距重新安设钢筋网并固定。

3.3.2 喷射混凝土厚度不合格	
通病描述	喷射混凝土面层厚度未达到规范设计要求，出现下列三种情况之一： （1）在每个断面上，面层厚度不小于设计厚度占比不足60%。 （2）厚度最小值不足设计厚度的50%。 （3）所有检查孔的厚度平均值小于设计厚度值。
规范要求	《岩土锚杆与喷射混凝土支护工程技术规范》（GB 50086—2015） 6.5.2　喷射混凝土厚度的检查应符合下列规定： 1　控制喷层厚度应预埋厚度控制钉、喷射线；喷射混凝土厚度应采用钻孔法检查； 2　喷层厚度检查点密度：结构性喷层为每100m^2/个，防护性喷层为400m^2/个，隧洞拱部喷层为每50m^2/个～80m^2/个；

3.3 喷射混凝土

续表

规范要求	3　喷层厚度合格条件：用钻孔法检查的所有点中应有60%的喷层厚度不小于设计厚度，最小值不应小于设计厚度的60%，检查孔处喷层厚度的平均值不应小于设计厚度。
标准工序	基面清理→埋设检测标志桩→挂网→喷射混凝土→养护。
预防措施	（1）喷射作业分段、分片自下而上沿螺旋轨迹施喷。 （2）喷射混凝土覆盖钢筋网片。 （3）埋设喷射混凝土厚度标桩。 （4）基面开挖到位，满足设计要求，不存在欠挖情况。 （5）根据喷射混凝土厚度，分次分层进行喷护。
处理措施	按设计厚度复喷。

3.3.3　喷射混凝土强度不合格

通病描述	喷射混凝土强度检测结果出现下列两种情况，检测结果不合格： （1）同批试件组数 $n \geq 10$ 时，试件抗压强度平均值低于1.05倍的设计值，或任一组试件抗压强度低于0.85倍的设计值。 （2）同批试件组数 $n < 10$ 时，试件抗压强度平均值低于1.05倍的设计值，或任一组试件抗压强度低于0.9倍的设计值。
规范要求	《岩土锚杆与喷射混凝土支护工程技术规范》（GB 50086—2015） 6.5.3　结构性喷射混凝土应进行抗压强度和粘结强度试验，必要时，尚应进行抗弯强度、残余抗弯强度（韧性）、抗冻性和抗渗性试验。喷射混凝土抗压强度和粘结强度试验的试件数量、试验方法及合格标准应遵守本规范第12.2节及附录M、附录N的有关规定。
标准工序	基面清理→埋设检测标志桩→挂网→喷射混凝土→养护。
预防措施	（1）在施工组织设计文件及作业指导书中，应明确喷射混凝土强度检测频次，定期检测；监理应监督取样，还应进行平行抽检。确保喷射混凝土强度合格。 （2）喷射混凝土施工前需进行配合比试验；施工时，严格按照试验配合比进行拌制。
处理措施	凿除不合格混凝土，清理后重新喷射。

3.4 施工缝处理

3.4.1 缝面处理不到位

通病描述	建筑物施工缝处渗水、漏水，或新旧混凝土接茬间出现裂缝。
典型照片	  问题照片（施工缝未进行凿毛）　　　标准照片
原因分析	（1）施工缝充填材料与设计要求不符。 （2）施工未进行凿毛，或处理不符合规范要求。 （3）新混凝土入仓前未铺设砂浆，新老混凝土接合不良。
规范要求	《水工混凝土施工规范》（SL 677—2014） 7.4.19　混凝土施工缝的处理应遵守下列规定： 1　混凝土收仓面浇筑平整，抗压强度未达到2.5MPa前，不应进行下个仓面的准备工作。 2　混凝土表面毛面处理时间试验确定。毛面处理采用25～50MPa高压水冲毛机，或低压水、风砂枪、刷毛机及人工凿毛等方法。 3　混凝土施工缝面无乳皮，微露粗砂，有特殊要求的部位微露小石。 《水利水电工程单元工程施工质量验收评定标准——混凝土工程》（SL 632—2012） 4.2.2　混凝土施工缝处理质量标准见表4.2.2 表4.2.2　　　　　混凝土施工缝处理质量标准 | 项次		检验项目	质量要求	检验方法	检验数量
---	---	---	---	---	---
主控项目	1	施工缝的留置位置	符合设计或有关施工规范规定	观察、量测	全数
	2	施工缝面凿毛	基本面无乳皮，成毛面，微露粗砂	观察	
一般项目	1	缝面清理	符合设计要求；清洗洁净、无积水、无积渣杂物	观察		

续表

规范要求	4.5.1 水工混凝土中的预埋件包括止水、伸缩缝（填充材料）、排水系统、冷却及灌浆管路、铁件、安全监测设施等。在施工中应进行全过程检查和保护，防止移位、变形、损坏及堵塞。
标准工序	清除仓面杂物→凿毛（或冲毛）→缝面冲洗→混凝土浇筑。
预防措施	（1）加强原材进场验收，对不满足设计要求的原材进行退场处理。 （2）施工前对全体作业人员进行培训交底，熟悉工序和质量合格标准。 （3）进行凿毛时间试验，通过试验确定最佳凿毛时间。
处理措施	（1）按设计要求更换填充材料。 （2）浇筑前及时按要求凿毛、冲洗干净，铺设2～3cm的水泥砂浆。 （3）缝隙夹层较浅。可将松散混凝土凿去，洗刷干净后，用1：2水泥砂浆填密实。 （4）缝隙夹层较深。应清除松散部分和内部夹杂物，用压力水冲洗干净；较宽的缝隙支模用高一强度等级的细石混凝土参照空洞缺陷方法处理，较窄的缝隙可将表面封闭后进行压力注浆。

3.4.2 未按设计及规范要求设置施工缝

通病描述	未设置施工缝或施工缝分缝间距与设计要求不符。
典型照片	  问题照片　　　　　标准照片

续表

原因分析	（1）未对作业人员进行培训交底，作业人员不熟悉工序和质量合格标准。 （2）施工过程中未按照施工方案检查施工缝设置。 （3）模板尺寸与现场实际施工条件不符。
规范要求	《水工混凝土施工规范》（SL 677—2014） 8.1.1　混凝土浇筑的分缝分块、分层厚度及层间歇时间等，应符合设计规定。 《水利水电工程单元工程施工质量验收评定标准——混凝土工程》（SL 632—2012） 4.2.2　混凝土施工缝处理质量标准见表4.2.2。 表4.2.2　　　　　　　混凝土施工缝处理质量标准 | 项次		检验项目	质量要求	检验方法	检验数量
---	---	---	---	---	---
主控项目	1	施工缝的留置位置	符合设计或有关施工规范规定	观察、量测	全数
	2	施工缝面凿毛	基本面无乳皮，成毛面，微露粗砂	观察	
一般项目	1	缝面清理	符合设计要求；清洗洁净、无积水、无积渣杂物	观察		
标准工序	按施工方案分缝→混凝土浇筑。
预防措施	（1）对作业人员进行培训交底，明确施工缝设置位置，熟悉工序和质量合格标准。 （2）加强施工过程中质量控制，严格按施工方案检查施工缝设置位置，强化过程验收。 （3）根据现场实际施工条件，合理确定模板尺寸。
处理措施	（1）浇筑前及时按要求凿毛、冲洗干净，铺设2～3cm的水泥砂浆。 （2）缝隙夹层较浅时，可将松散混凝土凿去，洗刷干净后，用1∶2水泥砂浆填密实。 （3）缝隙夹层较深时，应清除松散部分和内部夹杂物，用压力水冲洗干净；较宽的缝隙支模用高一强度等级的细石混凝土参照空洞缺陷方法处理，较窄的缝隙可将表面封闭后进行压力注浆。

3.5 预埋件制作与安装

3.5.1 止水材料锈蚀或损坏

通病描述	（1）金属止水带表面不光洁、不平整，锈蚀；局部损坏，有砂眼、钉孔。 （2）橡胶止水带有变形、裂纹和撕裂。
典型照片	  问题照片（橡胶止水带破坏）　　　标准照片
原因分析	（1）橡胶止水带未做好防护、固定，混凝土浇筑施工中受锐利物质扎穿造成破坏，甚至断裂。 （2）金属止水带暴露周期长，未及时做防锈处理。
规范要求	《水工混凝土施工规范》（SL 677—2014） 10.2.2 金属止水片表面的浮皮、锈污、油漆、油渍均应清除干净，如有砂眼、钉孔，应予焊补。非金属止水片不应有气孔，应塑化均匀，有变形、裂纹和撕裂的不应使用。
标准工序	止水材料进场验收、送检→止水材料安装固定→检查、验收。
预防措施	（1）橡胶止水带安装完成后，应做好止水带的防护、固定、保温和防暴晒措施。 （2）金属止水带，应及时做防锈处理，做好止水外露部分的保护。
处理措施	（1）表面不洁净的止水材料。清除表面污物。 （2）砂眼、钉孔，或局部损坏的铜止水材料。将破损部分止水铜片恢复平整，采用与受损止水同母材的铜片进行补洞，采用双面焊接。 （3）橡胶止水带破裂。将破损部分混凝土沿环向方向凿出一个三角凹槽，将破损橡胶止水带取出，更换新橡胶止水带，接头处采用冷粘结处理，粘合后将止水带固定在凹槽内，最后加入膨胀止水胶或双组分聚硫密封胶密封。

续表

3.5.2 止水错位变形

通病描述	混凝土浇筑中保护或施工不当,致使止水等预埋件发生错位变形。
典型照片	 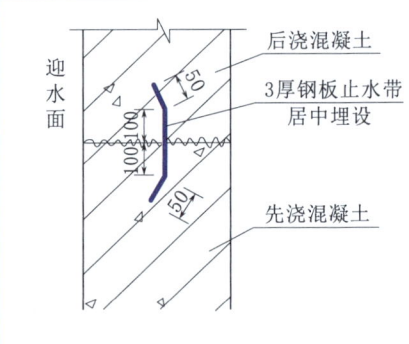 问题照片　　　　　　　标准照片
原因分析	(1)止水受外力挤压、碰撞、移位,托架或固定装置设置较少,固定在模板上的止水因模板移位导致错位变形。 (2)埋件的插筋等固定装置刚度达不到要求或固定不牢固,受混凝土的压力、浮力作用而变形或浮起。
规范要求	《水工混凝土施工规范》(SL 677—2014) 10.1.1　预埋件的结构型式和尺寸、埋设位置以及所用材料的品种、规格、性能指标应符合设计要求和有关标准。 10.1.3　施工前应做好预埋件和混凝土施工计划,并提出预埋件保护措施。在预埋件埋入混凝土过程中,应有专人看护。埋设完成后,应做好保护,避免受损、移位、变形或堵塞。 10.2.4　止水片安装应遵守下列规定: 1　止水片应与混凝土接缝面垂直,其中心线与接缝中心线允许偏差为±5mm。金属止水片定位后,应在"鼻子"空腔内填满塑性材料。 2　已安装的止水片应做好保护,支撑牢固,不应穿孔拉挂固定,并防止在混凝土浇筑过程中移位或扭曲。 3　靠近止水片的混凝土,应剔除粒径大于40mm的骨料,止水片下面及周围的混凝土应振捣密实,以确保混凝土同止水片紧密结合,避免止水片周围形成空穴。 4　水平止水片上或下50cm范围内不宜设置水平施工缝。如无法避免,应采取措施将止水片埋入或留出。 10.4.2　各种预埋铁件安装应牢固可靠,精度满足要求。在混凝土浇筑过程中,不应移位或松动,周围混凝土应振捣密实。预埋螺栓或精度要求高的铁件,可采用样板固定或预留二期混凝土再埋设的方法。

3.5 预埋件制作与安装

续表

规范要求	10.5.3 管道安装应牢固可靠。经过伸缩缝的管道，应设置伸缩节或过缝处理。 10.5.6 管路在混凝土浇筑过程中，应对管路妥善保护，以免管路变形或发生堵塞。混凝土覆盖后，应通水（气）检查，发现问题及时处理。 10.6.4 观测仪器安装时，应保证安装位置、方向和角度准确。仪器安装定位后，应经检查合格和校正，并读取初始值后方可浇筑混凝土。
标准工序	预埋件、止水材料进场验收、送检→止水材料、预埋件安装固定→检查、验收。
预防措施	（1）按设计要求固定止水带、预埋件，浇筑前对止水带、预埋件位置进行检查。 （2）浇筑过程中应固定埋件，避免受混凝土的压力、浮力作用而变形或浮起，采取措施防止止水带位移。
处理措施	（1）混凝土浇筑前发现错位变形。对预埋件、止水材料予以拆卸，修复后重新进行安装固定。 （2）混凝土浇筑后发现错位变形。对该处的预埋件、止水材料予以拆除，重新按设计要求测量放线，安装固定，浇筑混凝土。

3.5.3 未按设计要求进行预埋或预埋不及时

通病描述	未测量定位或位置不准确，预埋件未随主体混凝土同时施工。
典型照片	  问题照片　　　　　　　标准照片 （未按设计要求进行预埋，导致不顺直）
原因分析	（1）安装前技术人员未对施工班组进行详细的交底。 （2）未做好预留预埋隐蔽工程检查验收工作，未执行混凝土浇筑审批程序。

· 119 ·

续表

规范要求	《水工混凝土施工规范》（SL 677—2014） 10.1.3 施工前应做好预埋件和混凝土施工计划，并提出预埋件保护措施。在预埋件埋入混凝土过程中，应有专人看护。埋设完成后，应做好保护，避免受损、移位、变形或堵塞。
标准工序	止水材料进场验收、送检→止水材料安装固定→检查、验收→浇筑混凝土。
预防措施	（1）安装前技术人员对施工班组进行详细的交底。 （2）混凝土浇筑前，做好预留预埋隐蔽工程检查验收工作。
处理措施	凿除原预埋件范围内混凝土，冲洗混凝土表面，重新按设计要求安设预埋件，进行混凝土浇筑。

3.5.4 橡胶止水带搭接不符合设计要求

通病描述	橡胶止搭接不紧密、长度不足，出现扎穿、断裂等现象。
典型照片	 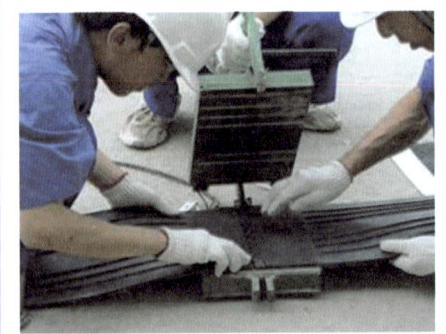 止水带未进行搭接 问题照片　　　　　标准照片
原因分析	（1）止水带固定不当。 （2）橡胶止水带接头表面不光滑、不平整。 （3）未加任何处理的随意搭接或搭接不紧密。
规范要求	《水工混凝土施工规范》（SL 677—2014） 10.2.3 止水片连接与质量检查应遵守下列规定： 2 橡胶止水片连接宜采用硫化热粘接；塑料止水带的连接宜采用搭接双面焊接，搭接长度不小于10cm。

续表

标准工序	止水材料进场验收、送检→止水材料安装固定→检查、验收→浇筑混凝土。
预防措施	（1）按设计要求固定止水带。 （2）搭接前对止水带安装进行检查，确保接头表面光滑、平整。 （3）安装前将端头部位清洁干净，对齐，按规范要求控制搭接长度。
处理措施	对该处的止水材料进行拆除，重新按设计要求安装固定，浇筑混凝土。

3.5.5 钢板、铜止水带连接焊缝长度不足，焊接质量差

通病描述	金属止水埋件连接焊缝长度不足，以及焊脚尺寸不合适，焊缝不平整，漏焊，未焊透，焊接有错边等质量缺陷。
典型照片	  问题照片（焊缝长度不足）　　标准照片
原因分析	（1）接口未碰齐，坡口角度太大，焊条偏心，焊条角度不对或运条方法不当。 （2）焊接过程未及时监督检查，焊接方法不符合规定，不符合工艺流程规定。
规范要求	《水工混凝土施工规范》（SL 677—2014） 10.2.3 止水片连接与质量检查应遵守下列规定： 1 金属止水片连接宜采用搭接双面焊，搭接长度不小于20mm。经试验能够保证质量亦可采用对接焊接，但均不应采用手工电弧焊。焊工应持证上岗。 5 焊接接头表面应光滑、无砂眼或裂纹。工厂加工的接头应抽查，抽查数量不少于接头总数的20%。现场焊接的接头，应逐个进行外观和渗透检查合格，必要时应进行强度检查，抗拉强度不应低于母材强度的75%。

续表

标准工序	止水材料进场验收、送检→止水材料安装固定→检查、验收→浇筑混凝土。
预防措施	（1）焊接前应碰齐接口，清理干净母材焊接区域，根据母材选用焊条，调节合适的电流进行焊接。 （2）对焊工进行培训考核，合格者方可上岗，焊接过程及时监督检查。
处理措施	（1）焊缝长度不足。采用同等级焊条在止水带之间进行补焊，保证焊缝长度满足规范要求。 （2）焊接质量差。根据焊接质量将原焊接金属材料进行刨除，同时打磨焊缝表面氧化物直至露出金属光泽，然后按照标准重新进行焊接。

3.6 预制混凝土构件制作与安装

3.6.1 预制混凝土构件强度不满足设计要求

通病描述	预制构件配筋、混凝土强度不满足设计要求。
典型照片	 设计要求6根主筋，实测为5根 问题照片　　　标准照片
原因分析	（1）配筋不满足设计要求，预制混凝土构件未按设计要求保证钢筋间距或钢筋数量不足。 （2）混凝土强度不满足设计要求，商品混凝土标号与设计要求不符，混凝土拌制不符合规范要求。
规范要求	《混凝土结构工程施工规范》（GB 50666—2011） 9.5.2　预制构件安装前的准备工作应符合下列规定： 1　应核对已施工完成结构的混凝土强度、外观质量、尺寸偏差等符合设计要求和本规范的有关规定；

预制混凝土构件制作与安装　3.6

续表

规范要求	2　应核对预制构件混凝土强度及预制构件和配件的型号、规格、数量等符合设计要求。 　　9.6.3　预制构件的质量应进行下列检查： 　　1　预制构件的混凝土强度； 　　2　预制构件的标识； 　　3　预制构件的外观质量、尺寸偏差； 　　4　预制构件上的预埋件，插筋、预留空洞的规格、位置及数量； 　　5　结构性能检验符合现行国家标准《混凝土结构工程施工质量验收规范》GB 50204 的有关规定。
标准工序	材料进场验收→钢筋制安→模板制安→检查、验收→浇筑混凝土。
预防措施	（1）严格按设计图制作，安装钢筋，钢筋绑扎或焊接必须牢固，浇筑混凝土后要安排专人对预埋件进行复核，严格执行检验程序。 　　（2）结合施工需要确定混凝土合理的出池、出厂、浇筑强度，按试验确定的配合比拌制混凝土。
处理措施	（1）现场预制。在混凝土浇筑前检查验收过程中发现配筋不足的，应将原有钢筋结构进行调整或拆除，重新按照设计及规范要求进行钢筋连接。 　　（2）成品采购。预制混凝土构件强度不足应做报废处理。

3.6.2　预制混凝土构件尺寸偏差过大

通病描述	预制混凝土构件几何尺寸偏差，如构件超长、超宽、超厚、四角差大等缺陷。
典型照片	  　　　　问题照片　　　　　　　　　　标准照片
原因分析	（1）未按设计尺寸制作安装模板，模板安装后未进行复核。 　　（2）模板固定不牢固，混凝土浇筑时变形。

续表

	《混凝土结构工程施工质量验收规范》（GB 50204—2015）
规范要求	9.2.7 预制构件尺寸偏差及检验方法应符合表 9.2.7 的规定；设计有专门规定时，尚应符合设计要求。施工过程中临时使用的预埋件、其中心线位置允许偏差可取表 9.2.7 中规定数值的 2 倍。 表 9.2.7　预制构件尺寸允许偏差及检验方法 | 项目		允许偏差（mm）	检验方法
---	---	---	---
长度	楼板、梁、柱、桁架	<12m	±5	尺量
		≥12m且<18m	±10	
		≥18m	±20	
	墙板		±4	
宽度、高（厚）度	楼板、梁、柱、桁架		±5	尺量一端及中部，取其中绝对偏差较大处
	墙板		±4	
表面平整度	楼板、梁、柱、墙板内表面		5	2m靠尺和塞尺量测
	墙板外表面		3	
侧向弯曲	楼板、梁、柱		L/750且≤20	拉线、直尺量测最大侧向弯曲处
	墙板、桁架		L/1000且≤20	
翘曲	楼板		L/750	调平尺在两端量测
	墙板		L/1000	
对角线	楼板		10	尺量两个对角线
	墙板		5	
预留孔	中心线位置		5	尺量
	孔尺寸		±5	
预留洞	中心线位置		10	尺量
	洞口尺寸、深度		±10	
预埋件	预埋板中心线位置		5	尺量
	预埋板与混凝土面平面高差		0, −5	
	预埋螺栓		2	
	预埋螺栓外露长度		+10, −5	
	预埋套筒、螺母中心线位置		2	
	预埋套筒、螺母与混凝土面平面高差		±5	
预留插筋	中心线位置		5	尺量
	外露长度		+10, −5	
键槽	中心线位置		5	尺量
	长度、宽度		±5	
	深度		±10	| 注　1　L 为构件长度，单位为mm。 　　2　检查中心线、螺栓和孔道位置偏差时，沿纵、横两个方向量测，并取其中偏差较大值。

续表

标准工序	材料进场验收→钢筋制安→模板制安→检查、验收→浇筑混凝土。
预防措施	（1）模板安装的几何尺寸必须符合设计要求。 （2）模板应平整，支撑应牢固，保证模板不松动，模板安装前应均匀涂刷脱模剂。 （3）混凝土浇筑时，应防止骨料分离、粗骨料窝集，混凝土振捣不得漏振、欠振、过振。
处理措施	该预制构件应做报废处理。

3.6.3 预制混凝土构件损坏

通病描述	预制混凝土构件在库区或运输过程中，码放不符合要求，造成预制构件及其装饰面损坏。
典型照片	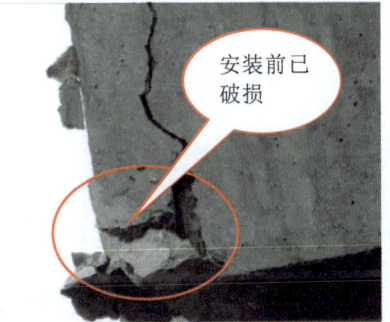  问题照片　　　　　问题照片
原因分析	（1）预制件拆模时间过早，养护时间不够，强度不足，拆模过程中造成破损。 （2）吊装、转运过程中，保护措施不到位发生破损。 （3）预制件堆放数量过多，下部构件被压坏。
规范要求	《混凝土结构工程施工规范》（GB 50666—2011） 9.6.3　预制构件的质量应进行下列检查： 1　预制构件的混凝土强度； 2　预制构件的标识； 3　预制构件的外观质量、尺寸偏差； 4　预制构件上的预埋件、插筋、预留空洞的规格、位置及数量；

续表

规范要求	5 结构性能检验符合现行国家标准《混凝土结构工程施工质量验收规范》GB 50204 的有关规定。
标准工序	材料进场验收→钢筋制安→模板制安→检查、验收→浇筑混凝土。
预防措施	（1）施工中严格按作业指导书操作，按规定的拆模时间拆模，防止拆模时损坏构件表面或棱角。 （2）预制构件必须达到设计和规范规定的强度后再进行吊装、转运。吊装、转运过程需有可靠保护措施。 （3）按规定的层数进行堆放，并采取可靠的保护措施。
处理措施	根据混凝土具体损伤程度判断，不影响结构受力部位采用高一个强度等环氧砂浆进行修复。 影响结构受力的，应做报废处理。

3.6.4 预制混凝土构件变形

通病描述	预制混凝土构件表面平整度、侧向弯曲或扭翘不满足规范允许偏差要求。
典型照片	  问题照片（堆放层数过多，中间未设置垫块） 标准照片
原因分析	（1）制作台座承载力、刚度和稳定性不足，表面不光滑。 （2）模具变形设计和加工方案，不满足预制构件的质量要求、生产技术及工艺。 （3）预制构件制作完成后未对外观质量、尺寸偏差，构件强度进行检验。 （4）吊装、转运过程缺乏保护措施。

续表

规范要求	**《混凝土结构工程施工规范》**（GB 50666—2011） 9.3.1　制作预制构件的场地应平整、坚实，并应采取排水措施。当采用台座生产预制构件时，台座表面应光滑平整，2m 长度内表面平整度不应大于 2mm，在气温变化较大的地区宜设置伸缩缝。 9.3.2　模具应具有足够的强度、刚度和整体稳定性，并应能满足预制构件预留孔、插筋、预埋吊件及其他预埋件的定位要求。模具设计应满足预制构件质量、生产工艺、模具组装与拆卸、周转次数等要求。跨度较大的预制构件的模具应根据设计要求预设反拱。
标准工序	材料进场验收→钢筋制安→模板制安→检查、验收→浇筑混凝土。
预防措施	（1）检查台座是否具有足够的承载力、刚度和稳定性，台座的台面是否光滑平整。 （2）应根据预制构件的质量要求、生产技术及工艺，以及模具可周转次数确定预制构件模具设计和加工方案。 （3）加强预制构件制作过程质量控制与验收，提高精度。 （4）预制构件吊装、转运应待构件具备足够强度后进行，并应有可靠的抗变形、抗损坏的保护措施。
处理措施	构件变形量超设计及规范要求的做废品处理。

第4章 钢筋工程

4.1 钢筋制作

4.1.1 钢筋锈蚀、表面不洁净

通病描述	钢筋表面不洁净，表面有泥浆、污物、油渍、浮锈等。
典型照片	问题照片（钢筋表面有锈迹）　　标准照片
原因分析	（1）保管不当、存放期过长、仓库环境潮湿，造成存放的钢筋表面出现浮锈、陈锈、老锈等现象。 （2）未设置合格钢筋堆放场，堆放场地未硬化、地面排水不畅，钢筋堆放未按要求放置垫块，并防雨覆盖等，钢筋表面受到污染。 （3）钢筋安装前未按要求进行处理。
规范要求	《混凝土结构工程施工规范》（GB 50666—2011） 5.3.1 钢筋加工前应将表面清理干净。表面有颗粒状、片状老锈或有损伤的钢筋不得使用。
标准工序	钢筋进场验收、见证取样→钢筋使用前表面检查→表面不洁净或有锈蚀情况的进行清理、除锈→投入使用→验筋。

钢筋制作 4.1

续表

预防措施	（1）材料进场进场时进行验收，不符合设计规范要求的不得进场。 （2）设置合格钢筋堆放场，堆放场地硬化处理，进场钢筋妥善保管。 （3）钢筋加工前应将表面清理干净，确保无锈蚀、无污染。 （4）加工后不能立即使用的钢筋应妥善保管，上盖下垫。
处理措施	（1）浮锈。浮锈处于铁锈形成的初期，可采用麻袋布擦拭干净。 （2）陈锈。可采用钢丝刷或麻袋布擦等手工方法。盘条细钢筋可通过冷拉或调直过程除锈，粗钢筋采用专用除锈机除锈。 （3）老锈。对于有起层锈片的钢筋，应先用小锤敲击，使锈片剥落干净，再用除锈机除锈；因麻坑、斑点以及锈皮去层会使钢筋截面损伤，使用前应鉴定是否降级使用或另做其他处置。 （4）表面不洁净钢筋。影响钢筋和混凝土之间握裹力的表面污杂物必须清除干净，可采用锤敲击配合压缩空气清除干净。

4.1.2 钢筋品种、强度等级混杂不清

通病描述	钢筋品种、强度等级混杂不清。
典型照片	  问题照片　　　　　　　　标准照片
原因分析	（1）没有严格的验收管理制度，入库钢筋混乱，分不清钢号、炉罐号，容易造成混批、混炉、混钢种及钢号，使用后容易造成结构隐患。 （2）钢筋堆放场未设置标识标牌。
规范要求	《水工混凝土施工规范》（SL 677—2014） 4.2.1　钢筋应按不同等级、牌号、规格及生产厂家分批验收，分别堆存，不应混杂，且应立牌以便识别。运输、贮存过程中应避免锈蚀和污染。钢筋宜堆置在仓库（棚）内；露天堆置时，应垫高并加遮盖，不应和酸、盐、油等物品存放在一起。

续表

标准工序	钢筋分类堆放→钢筋进场验收、见证取样→标识牌设立（明确钢筋参数及使用部位）。
预防措施	建立验收管理制度，入库钢筋分类存放，并设置明显标识标牌。
处理措施	（1）分类堆放。发现混料情况后应立即检查并进行清理，重新分类堆放。 （2）做好标识。如果翻垛工作量大，不易清理，应将该堆钢筋做出记号，以备发料时提醒注意。

4.1.3 箍筋弯钩形式不对、长度不足、弯起角度不符合要求

通病描述	箍筋弯钩形式不对、长度不足、弯起角度不符合要求。
典型照片	 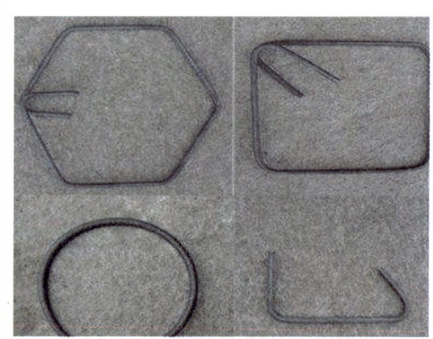 问题照片　　　　标准照片   问题照片　　　　标准照片
原因分析	（1）未按照设计图纸长度下料。 （2）加工过程中未按标准要求加工。
规范要求	《混凝土结构工程施工规范》（GB 50666—2011） 5.3.6 箍筋、拉筋的末端应按设计要求作弯钩，并应符合下列规定：

续表

规范要求	1 对一般结构构件，箍筋弯钩的弯折角度不应小于90°，弯折后平直段长度不应小于箍筋直径的5倍；对有抗震设防要求或设计有专门要求的结构构件，箍筋弯钩的弯折角度不应小于135°，弯折后平直段长度不应小于箍筋直径的10倍和75mm两者之中的较大值。
标准工序	技术交底→钢筋使用前除锈、清理→箍筋制作→箍筋安装→检查、验收。
预防措施	（1）严格按设计图纸下料加工。 （2）按规范要求生产标准件，加工过程中加强质量控制。
处理措施	半圆弯钩或直弯钩不能代替斜弯钩。斜弯钩误加工成半圆弯钩或直弯钩的应作为废品。

4.2 钢筋安装

4.2.1 钢筋接头不符合规范要求

通病描述	钢筋安装时，钢筋接头在同一截面未错开或错开距离不足。
典型照片	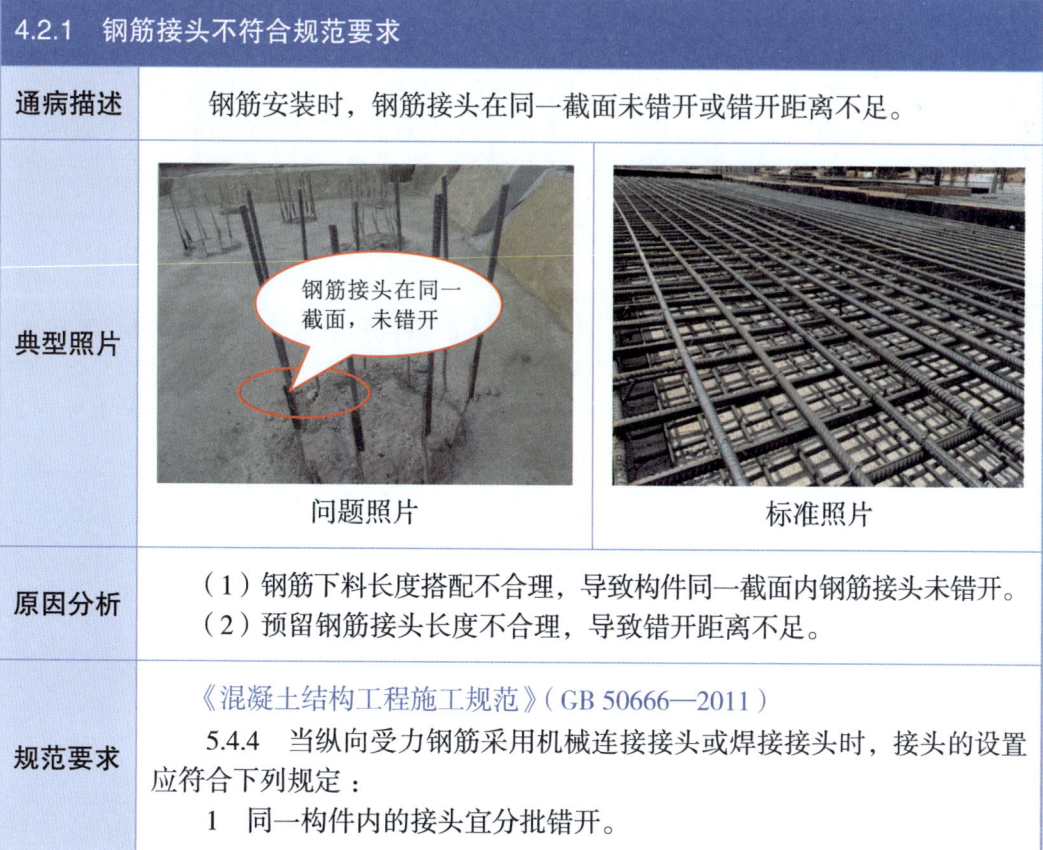 问题照片（钢筋接头在同一截面，未错开）　　标准照片
原因分析	（1）钢筋下料长度搭配不合理，导致构件同一截面内钢筋接头未错开。 （2）预留钢筋接头长度不合理，导致错开距离不足。
规范要求	《混凝土结构工程施工规范》（GB 50666—2011） 5.4.4 当纵向受力钢筋采用机械连接接头或焊接接头时，接头的设置应符合下列规定： 1 同一构件内的接头宜分批错开。

续表

规范要求	2 接头连接区段的长度为35d，且不应小于500mm，凡接头中点位于该连接区段长度内的接头均应属于同一连接区段；其中d为相互连接两根钢筋中较小直径。 3 同一连接区段内，纵向受力钢筋接头面积百分率为该区段内有接头的纵向受力钢筋截面面积与全部纵向受力钢筋截面面积的比值；纵向受力钢筋的接头面积百分率应符合下列规定： 1）受拉接头，不宜大于50%；受压接头，可不受限制； 2）板、墙、柱中受拉机械连接接头，可根据实际情况放宽；装配式混凝土结构构件连接处受拉接头，可根据实际情况放宽； 3）直接承受动力荷载的结构构件中，不宜采用焊接；当采用机械连接时，不应超过50%。 5.4.5 当纵向受力钢筋采用绑扎搭接接头时，接头的设置应符合下列规定： 1 同一构件内的接头宜分批错开。各接头的横向净间距s不应小于钢筋直径，且不应小于25m。 2 接头连接区段的长度为1.3倍搭接长度，凡接头中点位于该连接区段长度内的接头均应属于同一连接区段；搭接长度可取相互连接两根钢筋中较小直径计算。纵向受力钢筋的最小搭接长度应符合本规范附录C的规定。 3 同一连接区段内，纵向受力钢筋接头面积百分率为该区段内有接头的纵向受力钢筋截面面积与全部纵向受力钢筋截面面积的比值；纵向受压钢筋的接头面积百分率可不受限制；纵向受力钢筋的接头面积百分率应符合下列规定： 1）梁类、板类及墙类构件，不宜超过25%；基础筏板，不宜超过50%。 2）柱类构件，不宜超过50%。 3）当工程中确有必要增大接头面积百分率时，对梁类构件，不应大于50%；对其他构件，可根据实际情况适当放宽。 C.0.1 当纵向受拉钢筋的绑扎搭接接头面积百分率不大于25%时，其最小搭接长度应符合表C.0.1的规定。 表 C.0.1　　　　　纵向受拉钢筋的最小搭接长度 | 钢筋类型		混凝土强度等级							
---	---	---	---	---	---	---	---	---	---
		C20	C25	C30	C35	C40	C45	C50	C55	≥C60
光面钢筋	300级	48d	41d	37d	34d	31d	29d	28d	—	—
带肋钢筋	335级	46d	40d	36d	33d	30d	29d	27d	26d	25d
	400级	—	48d	43d	39d	36d	34d	33d	31d	30d
	500级	—	58d	52d	47d	43d	41d	39d	38d	36d | 注　d为搭接钢筋直径。两根直径不同钢筋的搭接长度，以较细钢筋的直径计算。

续表

标准工序	钢筋进场验收、见证取样→钢筋使用前除锈、清理→钢筋制作→钢筋连接→检查、验收。
预防措施	合理搭配原材料下料长度,确保构件同一截面内钢筋接头相互错开。
处理措施	将接头拆卸后,在本接头连接区段外重新进行连接。

4.2.2 钢筋绑扎漏绑、绑点不足

通病描述	钢筋之间未按规范、图纸进行绑扎连接,出现漏绑现象。
典型照片	  问题照片（主筋与箍筋漏绑）　　标准照片
原因分析	（1）作业人员不熟悉各级钢筋绑扎要求。 （2）验收未检查绑点数量,绑扎不牢固。
规范要求	《混凝土结构工程施工规范》（GB 50666—2011） 5.4.7 钢筋绑扎应符合下列规定: 1 钢筋的绑扎搭接接头应在接头中心和两端用铁丝扎牢; 2 墙、柱、梁钢筋骨架中各竖向面钢筋网交叉点应全数绑扎;板上部钢筋网的交叉点应全数绑扎,底部钢筋网除边缘部分外可间隔交错绑扎; 3 梁、柱的箍筋弯钩及焊接封闭箍筋的焊点应沿纵向受力钢筋方向错开设置; 4 构造柱纵向钢筋宜与承重结构同步绑扎; 5 梁及柱中箍筋、墙中水平分布钢筋、板中钢筋距构件边缘的起始距离宜为50mm。

续表

标准工序	钢筋进场验收、见证取样→钢筋使用前除锈、清理→钢筋制作→钢筋连接→检查、验收。
预防措施	（1）对作业人员进行培训交底，熟悉工序和质量合格标准。 （2）建立健全质量管理体系，加强检查验收。
处理措施	按照规范要求补足钢筋绑点数量。

4.2.3 钢筋连接时，搭接长度不足

通病描述	采用焊接、绑扎连接钢筋时，搭接长度不符合规范及设计要求。
典型照片	 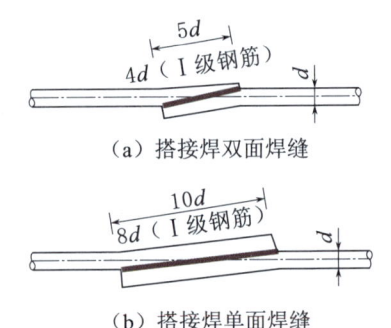 问题照片　　　　　　　　标准照片
原因分析	（1）钢筋制作时，未按图纸和规范要求下料。 （2）施工人员不熟悉工序和质量合格标准。
规范要求	《混凝土结构工程施工规范》（GB 50666—2011） 5.4.5 当纵向受力钢筋采用绑扎搭接接头时，接头的设置应符合下列规定： 1 同一构件内的接头宜分批错开。各接头的横向净间距 s 不应小于钢筋直径，且不应小于 25m。 2 接头连接区段的长度为 1.3 倍搭接长度，凡接头中点位于该连接区段长度内的接头均应属于同一连接区段；搭接长度可取相互连接两根钢筋中较小直径计算。纵向受力钢筋的最小搭接长度应符合本规范附录 C 的规定。 C.0.1 当纵向受拉钢筋的绑扎搭接接头面积百分率不大于 25% 时，其最小搭接长度应符合表 C.0.1 的规定。

续表

规范要求	表 C.0.1　　　　　　纵向受拉钢筋的最小搭接长度									
	钢筋类型		混凝土强度等级							
			C20	C25	C30	C35	C40	C45	C50	C55	≥C60
	光面钢筋	300级	48d	41d	37d	34d	31d	29d	28d	—	—
	带肋钢筋	335级	46d	40d	36d	33d	30d	29d	27d	26d	25d
		400级	—	48d	43d	39d	36d	34d	33d	31d	30d
		500级	—	58d	52d	47d	43d	41d	39d	38d	36d
	注　d为搭接钢筋直径。两根直径不同钢筋的搭接长度，以较细钢筋的直径计算。										
标准工序	钢筋进场验收、见证取样→钢筋使用前除锈、清理→钢筋制作→钢筋连接→检查、验收。										
预防措施	（1）按设计图纸下料加工。 （2）对施工人员进行培训交底，熟悉工序和质量合格标准。										
处理措施	拆除搭接长度不够的钢筋，按设计图纸重新下料，并按照规范要求进行钢筋搭接，绑扎连接改为焊接。										

4.2.4　钢筋间、排距与设计要求不符

通病描述	钢筋间距不均匀、偏差太大，间距尺寸不符合设计要求。
典型照片	  问题照片　　　　　　　标准照片 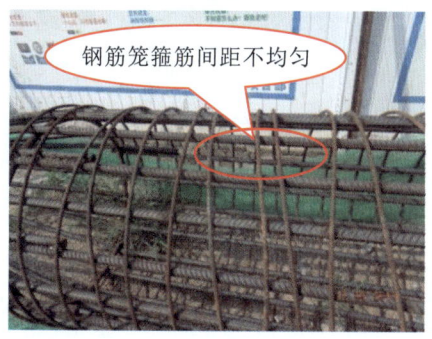  问题照片　　　　　　　标准照片

续表

原因分析	（1）绑扎时，未按要求在纵横钢筋上画上尺寸间距的刻度记号。 （2）纵横钢筋上的扎丝稀少或未扎牢，有漏扎、跳扎现象。 （3）钢筋在振捣过程中移动了位置，改变了钢筋间距的尺寸。 （4）固定措施不到位。
规范要求	《混凝土结构工程施工质量验收规范》（GB 50204—2015） 5.4.8 梁、柱类构件的纵向受力钢筋搭接长度范围内箍筋的设置应符合设计要求；当设计无具体要求时，应符合下列规定： 1 箍筋直径不应小于搭接钢筋较大直径的1/4； 2 受拉搭接区段的箍筋间距不应大于搭接钢筋较小直径的5倍，且不应大于100mm； 3 受压搭接区段的箍筋间距不应大于搭接钢筋较小直径的10倍，且不应大于200mm； 4 当柱中纵向受力钢筋直径大于25mm时，应在搭接接头两个端面外100mm范围内各设置二道箍筋，其间距宜为50mm。 5.5.1 钢筋安装时，受力钢筋的牌号、规格和数量必须符合设计要求。 5.5.3 钢筋安装偏差及检验方法应符合表5.5.3的规定，受力钢筋保护层厚度的合格点率应达到90%及以上，且不得有超过表中数值1.5倍的尺寸偏差。 表5.5.3　钢筋安装允许偏差和检验方法 | 项　　目		允许偏差（mm）	检验方法
---	---	---	---
绑扎钢筋网	长、宽	±10	尺量
	网眼尺寸	±20	尺量连续三挡，取最大偏差值
绑扎钢筋骨架	长	±10	尺量
	宽、高	±5	尺量
纵向受力钢筋	锚固长度	-20	尺量
	间距	±10	尺量两端、中间各一点，取最大偏差值
	排距	±5	
纵向受力钢筋、箍筋的混凝土保护层厚度	基础	±10	尺量
	柱、梁	±5	尺量
	板、墙、壳	±3	尺量	

续表

项　目		允许偏差（mm）	检验方法
绑扎箍筋、横向钢筋间距		±20	尺量连续三挡，取最大偏差值
钢筋弯起点位置		20	尺量
预埋件	中心线位置	5	尺量
	水平高差	+3，0	塞尺测量

注　检查中心线位置时，沿纵、横两个方向量测，并取其中偏差的较大值。

规范要求	（见上表）
标准工序	钢筋进场验收、见证取样→钢筋使用前除锈、清理→钢筋制作→钢筋安装→检查、验收。
预防措施	（1）绑扎时，按要求在纵横钢筋上画上尺寸间距的刻度记号。 （2）绑扎后固定到位，防止后续施工导致移动。 （3）对作业人员进行培训交底，熟悉工序和质量合格标准。
处理措施	将已安装钢筋拆除后，重新按照设计及规范间距进行布置。

4.2.5　钢筋保护层厚度与设计要求不符

通病描述	钢筋的混凝土保护层厚度少于或超过设计图纸和规范要求。
典型照片	  问题照片　　　　　　　标准照片
原因分析	（1）保护层垫块厚度不符、没有垫块或垫块垫得太少、垫块固定不牢。 （2）墙面钢筋在基础中插筋不垂直，有侧向倾斜现象。 （3）面板钢筋安装完成后因其他原因（如需立吊空模板、安装止水、浇筑等）造成面板钢筋下沉，保护层厚度不够。

续表

规范要求	《混凝土结构工程施工质量验收规范》（GB 50204—2015）
	5.5.3 钢筋安装偏差及检验方法应符合表 5.5.3 的规定，受力钢筋保护层厚度的合格点率应达到 90% 及以上，且不得有超过表中数值 1.5 倍的尺寸偏差。

规范要求（续）

表 5.5.3　　钢筋安装允许偏差和检验方法

项目		允许偏差（mm）	检验方法
绑扎钢筋网	长、宽	±10	尺量
	网眼尺寸	±20	尺量连续三挡，取最大偏差值
绑扎钢筋骨架	长	±10	尺量
	宽、高	±5	尺量
纵向受力钢筋	锚固长度	−20	尺量
	间距	±10	尺量两端、中间各一点，取最大偏差值
	排距	±5	
纵向受力钢筋、箍筋的混凝土保护层厚度	基础	±10	尺量
	柱、梁	±5	尺量
	板、墙、壳	±3	尺量
绑扎箍筋、横向钢筋间距		±20	尺量连续三挡，取最大偏差值
钢筋弯起点位置		20	尺量
预埋件	中心线位置	5	尺量
	水平高差	+3，0	塞尺测量

注　检查中心线位置时，沿纵、横两个方向量测，并取其中偏差的较大值。

标准工序	钢筋制作→钢筋安装→垫块安设→模板制安→钢筋、模板验收。
预防措施	（1）按设计规范要求放置垫块。 （2）对模板进行加固，防止浇筑混凝土过程中发生模板位移。
处理措施	将原垫块换成符合钢筋保护层标准厚度的垫块。

4.2.6 钢筋锚固设置与设计要求不符

通病描述	施工时，钢筋未按照设计要求进行锚固。
典型照片	  问题照片　　　　　　　　标准照片 （标注：钢筋锚固长度不足）
原因分析	（1）未认真按照设计图纸的钢筋长度进行下料，导致钢筋直线段比设计要求短，无法进行锚固。 （2）没有按照设计要求距离进行安装，导致无法锚固。
规范要求	《混凝土结构工程施工规范》（GB 50666—2011） 5.4.8　构件交接处的钢筋位置应符合设计要求。当设计无具体要求时，应保证主要受力构件和构件中主要受力方向的钢筋位置。框架节点处梁纵向受力钢筋宜放在柱纵向钢筋内侧；当主次梁底部标高相同时，次梁下部钢筋应放在主梁下部钢筋之上；剪力墙中水平分布钢筋宜放在外侧，并宜在墙端弯折锚固。 5.4.9　钢筋安装应采用定位件固定钢筋的位置，并宜采用专用定位件。定位件应具有足够的承载力、刚度、稳定性和耐久性。定位件的数量、间距和固定方式，应能保证钢筋的位置偏差符合国家现行有关标准的规定。混凝土框架梁、柱保护层内，不宜采用金属定位件。
标准工序	钢筋制作→钢筋安装→垫块安设→模板制安→钢筋、模板验收。
预防措施	（1）认真按照设计图纸的钢筋长度进行下料。 （2）按照设计要求距离进行安装布置。
处理措施	原锚固设置拆除后，重新按照规范及设计进行钢筋锚固的设置。

4.2.7 预留钢筋未做防锈保护处理

通病描述	钢筋表面产生片状及颗粒状的浮锈、陈锈、老锈。
典型照片	  问题照片　　　　　　　　　　标准照片
原因分析	（1）工程用钢筋没有采取防锈措施，暴露在空气中，很容易锈蚀。 （2）水利工程多数处于潮湿环境下，潮湿空气更容易造成钢筋的锈蚀。 （3）在易于积水的预留钢筋根部，锈蚀的发展速度更快，锈蚀更严重。
规范要求	《混凝土结构工程施工规范》（GB 50666—2011） 5.2.3 施工过程中应采取防止钢筋混淆、锈蚀或损伤的措施。 8.6.8 施工缝和后浇带应采取钢筋防锈或阻锈等保护措施。
标准工序	钢筋制安→垫块安设→模板制安→钢筋、模板验收→混凝土浇筑→预留钢筋防锈处理。
预防措施	（1）在钢筋表面涂刷阻锈剂或涂刷低标号的水泥砂浆包裹钢筋。 （2）对已绑扎完毕或已吊装完毕的钢筋笼应及时用塑料薄膜覆盖，防止杂质侵入及雨淋。
处理措施	采用钢丝刷对钢筋锈迹进行除锈处理，对除锈处理完全的钢筋涂刷阻锈剂或低标号水泥砂浆。

4.2.8 焊缝质量与设计、规范要求不符

通病描述	钢筋焊接施工中，使用不合格的焊条或焊接工艺不合格，导致出现未焊透、氧化、烧伤、接头弯折或偏心、尺寸偏差、焊缝成型不良、焊瘤、咬边、烧伤钢筋表面、弧坑过大、脆断、裂纹、夹渣、气孔等质量问题。

续表

典型照片	 问题照片（钢筋主筋焊接咬边、箍筋脱焊）	 标准照片
原因分析	（1）焊接选用的焊条不合格。 （2）焊接工艺方法应用不当、焊接参数选择不合适、电流不适当或操作不熟练等原因造成焊缝未焊透。 （3）钢筋与电极接触处洁净程度不一致，夹紧力不足，局部区域电阻很大、导电面积不足，因而产生了不允许的电阻热造成主筋烧伤。 （4）钢筋端头歪斜、电极变形太大或安装不准确、焊机夹具晃动太大、操作不注意等造成接头弯折或偏心。 （5）预制构件钢筋位置偏移过大、下料不准等造成尺寸偏差。 （6）焊接电流过大、电弧太长或操作不熟练，焊缝出现咬边现象。	
规范要求	《钢筋焊接及验收规程》（JGJ 18—2012） 4.5.11 预埋件钢筋电弧焊T形接头可分为角焊和穿孔塞焊两种，装配和焊接时，应符合下列规定： 1 当采用HPB 300钢筋时，角焊缝焊脚尺寸（K）不得小于钢筋直径的50%；采用其他牌号钢筋时，焊脚尺寸（K）不得小于钢筋直径的60%； 2 施焊中，不得使钢筋咬边和烧伤。 5.3.2 闪光对焊接头外观质量检查结果，应符合下列规定： 1 对焊接头表面应呈圆滑、带毛刺状，不得有肉眼可见的裂纹； 2 与电极接触处的钢筋表面不得有明显烧伤； 3 接头处的弯折角度不得大于2°； 4 接头处的轴线偏移不得大于钢筋直径的1/10，且不得大于1mm。 5.4.2 箍筋闪光对焊接头外观质量检查结果，应符合下列规定： 1 对焊接头表面应呈圆滑、带毛刺状，不得有肉眼可见裂纹； 2 轴线偏移不得大于钢筋直径的1/10，且不得大于1mm； 3 对焊接头所在直线边的顺直度检测结果凹凸不得大于5mm； 4 对焊箍筋外皮尺寸应符合设计图纸的规定，允许偏差应为±5mm；	

续表

规范要求	5 与电极接触处的钢筋表面不得有明显烧伤。 5.5.2 电弧焊接头外观质量检查结果，应符合下列规定： 　　1 焊缝表面应平整，不得有凹陷或焊瘤； 　　2 焊接接头区域不得有肉眼可见的裂纹； 　　3 焊缝余高应为 2mm～4mm； 　　4 咬边深度、气孔、夹渣等缺陷允许值及接头尺寸的允许偏差，应符合表 5.5.2 的规定。 表 5.5.2　　钢筋电弧焊接头尺寸偏差及缺陷允许值 | 名　称		单位	接头形式		
---	---	---	---	---	---
			帮条焊	搭接焊 钢筋与钢板搭接焊	坡口焊 窄间隙焊 熔槽帮条焊
帮条沿接头中心线的纵向偏移		mm	0.3d	—	—
接头处弯折角度		°	2	2	2
接头处钢筋轴线的偏移		mm	0.1d	0.1d	0.1d
			1	1	1
焊缝宽度		mm	+0.1d	+0.1d	—
焊缝长度		mm	−0.3d	−0.3d	—
咬边深度		mm	0.5	0.5	0.5
在长 2d 焊缝表面上的气孔及夹渣	数量	个	2	2	—
	面积	mm^2	6	6	—
在全部焊缝表面上的气孔及夹渣	数量	个	—	—	2
	面积	mm^2	—	—	6	 注　d 为钢筋直径（mm）。 5.6.2 电渣压力焊接头外观质量检查结果，应符合下列规定： 　　1 四周焊包凸出钢筋表面的高度，当钢筋直径为 25mm 及以下时，不得小于 4mm；当钢筋直径为 28mm 及以上时，不得小于 6mm； 　　2 钢筋与电极接触处，应无烧伤缺陷； 　　3 接头处的弯折角度不得大于 2°；

续表

规范要求	4 接头处的轴线偏移不得大于 1mm。 5.7.2 钢筋气压焊接头外观质量检查结果，应符合下列规定： 1 接头处的轴线偏移 e 不得大于钢筋直径的 1/10，且不得大于 1mm；当不同直径钢筋焊接时，应按较小钢筋直径计算；当大于上述规定值，但在钢筋直径的 3/10 以下时，可加热矫正；当大于 3/10 时，应切除重焊； 2 接头处表面不得有肉眼可见的裂纹； 3 接头处的弯折角度不得大于 2°；当大于规定值时，应重新加热矫正； 4 固态气压焊接头镦粗直径 d_c 不得小于钢筋直径的 1.4 倍，熔态气压焊接头镦粗直径 d_c 不得小于钢筋直径的 1.2 倍；当小于上述规定值时，应重新加热镦粗； 5 镦粗长度 L_c 不得小于钢筋直径的 1.0 倍，且凸起部分平缓圆滑；当小于上述规定值时，应重新加热镦长。 5.8.2 预埋件钢筋 T 形接头外观质量检查结果，应符合下列规定： 1 焊条电弧焊时，角焊缝焊脚尺寸（K）应符合本规程第 4.5.11 条第 1 款的规定； 2 埋弧压力焊或埋弧螺柱焊时，四周焊包凸出钢筋表面的高度，当钢筋直径为 18mm 及以下时，不得小于 3mm；当钢筋直径为 20mm 及以上时，不得小于 4mm； 3 焊缝表面不得有气孔、夹渣和肉眼可见裂纹； 4 钢筋咬边深度不得超过 0.5mm； 5 钢筋相对钢板的直角偏差不得大于 2°。
标准工序	钢筋进场验收、见证取样→钢筋使用前除锈、清理→钢筋制作→钢筋焊接→检查、验收。
预防措施	（1）选用合格的焊条。 （2）选用适当的焊接工艺方法、焊接参数、电流等。 （3）保持钢筋与电极接触处洁净。
处理措施	（1）烧伤。烧伤部分应予以铲除磨平，视情况焊补加固，然后进行回火处理，回火温度宜为 500～600℃。 （2）未焊透。焊接部分仔细清理后重焊或补焊。

4.2.9 套筒连接不符合规范要求

通病描述	丝牙加工时，车丝过长、断丝、钢筋端面与轴线不垂直，节头露丝过多，套筒未拧到位。
典型照片	  问题照片（钢筋车丝断丝、对接面马蹄形）　　标准照片
原因分析	（1）钢筋加工切断使用大力钳或切断机切断，未使用砂轮机或切割机等机械切断，导致切断面不平整。 （2）未按照设计、规范要求进行车丝长度控制。 （3）未对已完成车丝的钢筋进行保护，出现碰撞，导致车丝出现断丝等损坏。 （4）未按照设计、规范进行拧紧。
规范要求	《钢筋机械连接技术规程》（JGJ 107—2016） 6.3.1 直螺纹接头的安装应符合下列规定： 1 安装接头时可用管钳扳手拧紧，钢筋丝头应在套筒中央位置相互顶紧，标准型、正反丝型、异径型接头安装后的单侧外露螺纹不宜超过 $2p$；对无法对顶的其他直螺纹接头，应附加锁紧螺母、顶紧凸台等措施紧固。 2 接头安装后应用扭力扳手校核拧紧扭矩，最小拧紧扭矩值应符合表 6.3.1 的规定。 表 6.3.1　　直螺纹接头安装时最小拧紧扭矩值 | 钢筋直径（mm）	≤16	18~20	22~25	28~32	36~40	50 ||---|---|---|---|---|---|---|| 拧紧扭矩（N·m）	100	200	260	320	360	460 | 3 校核用扭力扳手的准确度级别可选用 10 级。
标准工序	钢筋、套筒进场验收、见证取样→钢筋下料→钢筋套丝→钢筋连接→检查、验收。

续表

预防措施	（1）钢筋加工切断使用砂轮机或切割机等机械切断。 （2）按照设计、规范要求进行车丝长度控制。 （3）对已完成车丝的钢筋进行保护。 （4）按照设计、规范进行拧紧。
处理措施	（1）所车丝牙偏长。拆除原钢筋，检查机械状态，重新按标准进行钢筋车丝。 （2）接头漏丝过多，套筒未拧到位。按照标准重新将套筒拧紧。

第5章 道路工程

5.1 道路路基

5.1.1 路基质量不符合设计要求

通病描述	路基出现裂缝；路基表观不密实，平整度差；路基回填土沉陷。
典型照片	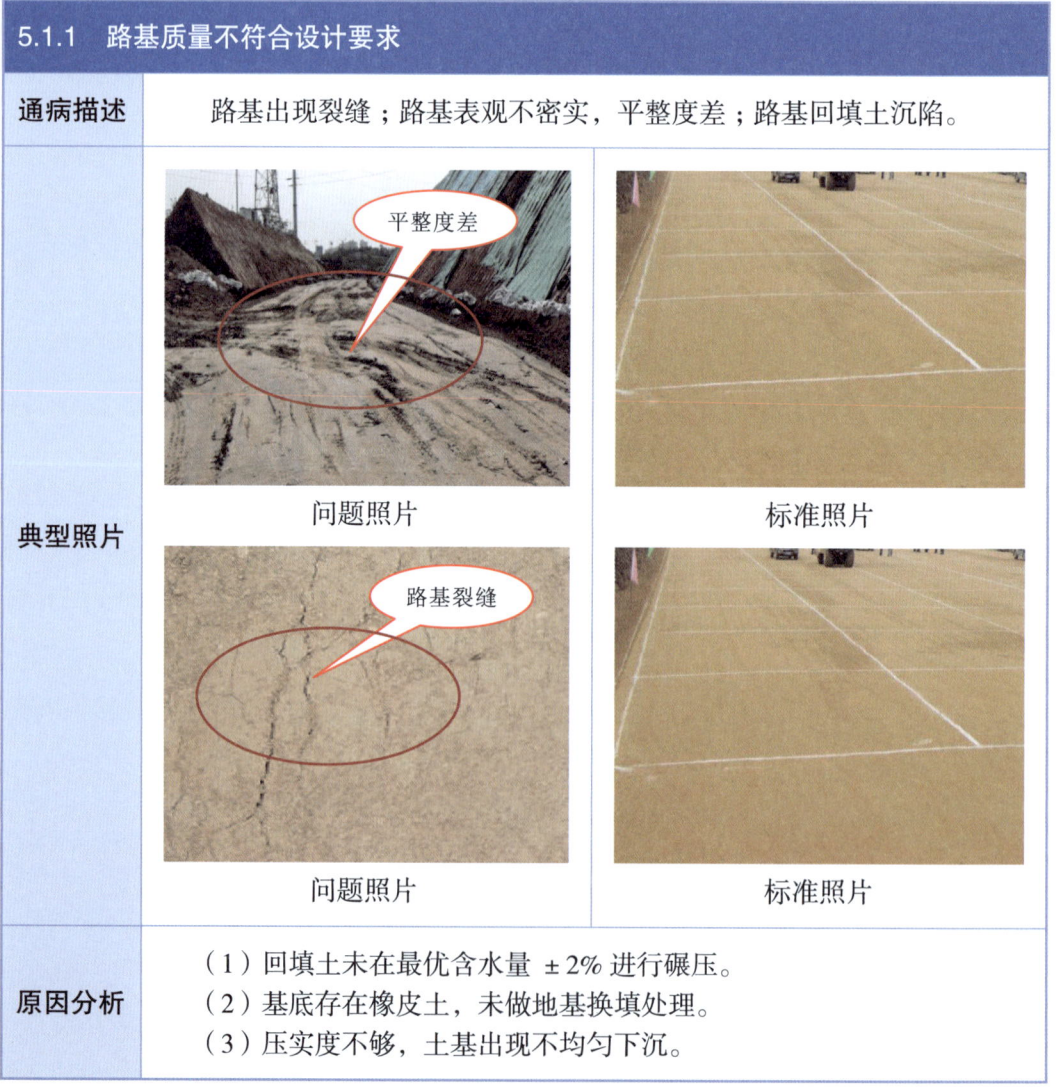 问题照片（平整度差） 标准照片 问题照片（路基裂缝） 标准照片
原因分析	（1）回填土未在最优含水量 ±2% 进行碾压。 （2）基底存在橡皮土，未做地基换填处理。 （3）压实度不够，土基出现不均匀下沉。

续表

原因分析	（4）填方段高低不平，未事先找平，出现滑移裂缝，土基出现不均匀下沉。
规范要求	《城镇道路工程施工与质量验收规范》（CJJ 1—2008） 6.3.12　填方施工应符合下列规定： 1　填方前应将地面积水、积雪（冰）和冻土层、生活垃圾等清除干净。 2　填方材料的强度（CBR）值应符合设计要求，其最小强度值应符合表6.3.12-1规定。不应使用淤泥、沼泽土、泥炭土、冻土、有机土以及含生活垃圾的土做路基填料。对液限大于50%、塑性指数大于26、可溶盐含量大于5%、700℃有机质烧失量大于8%的土，未经技术处理不得用作路基填料。 表 6.3.12-1　　路基填料强度（CBR）的最小值 | 填方类型	路床顶面以下深度/cm	最小强度/%	
---	---	---	---
		城市快速路、主干路	其他等级道路
路床	0~30	8.0	6.0
路基	30~80	5.0	4.0
路基	80~150	4.0	3.0
路基	>150	3.0	2.0	 5　不同性质的土应分类、分层填筑，不得混填，填土中大于10cm的土块应打碎或剔除。 6　填土应分层进行。下层填土验收合格后，方可进行上层填筑。路基填土宽度每侧应比设计规定宽50cm。 7　路基填筑中宜做成双向横坡，一般土质填筑横坡宜为2%~3%，透水性小的土类填筑横坡宜为4%。 10　在路基宽度内，每层虚铺厚度应视压实机具的功能确定。人工夯实虚铺厚度应小于20cm。
标准工序	施工准备→基底处理→分层填筑→摊铺平整→洒水或晾晒→碾压夯实→检验签证→路基修整。
预防措施	（1）施工前疏通路基两侧纵横向排水系统，避免路基受水浸泡，回填前检测土料含水量，如土料含水量不在最优含水量±2%，应采取措施调整土料含水量。 （2）注重回填土的质量，严禁回填任何树根、草皮及其腐殖物或腐殖土等，避免影响压实效果。

续表

预防措施	（3）施工前进行碾压试验确定施工工艺参数，按照试验结果选择碾压机械和虚铺厚度。 （4）回填前应事先找平，找平时要做到先高后低。
处理措施	（1）裂缝。面层裂缝破坏，则应视面积大小或损坏情况，采取局部或全部返工。 （2）平整度差。统一标高控制线，做好控制线的复测校正，选择合理的碾压机具、路线、行驶速率重新碾压。 （3）沉陷。可用锤、凿将空鼓部位打去，填灰土或黏土、碎石混合物夯实，再作面层。

5.2 道路基层

5.2.1 基层平整度较差

通病描述	基层出现大的波浪式的起伏坡度，或者局部地方出现沉降。
典型照片	问题照片（平整度较差） / 标准照片
原因分析	（1）下承层或路基的平整度差。 （2）混合料配合比不当。 （3）摊铺机、摊铺方法选用不当，摊铺过程中不能保证连续均匀摊铺，找平次数少或找平质量差。 （4）未按照碾压试验工艺参数进行碾压。 （5）未能控制施工车辆的通行，而出现基层表面的跑飞现象。
规范要求	《城镇道路工程施工与质量验收规范》（CJJ 1—2008） 7.8.1 石灰稳定土、石灰、粉煤灰稳定砂砾（碎石），石灰、粉煤灰稳定钢渣基层及底基层质量检验应符合下列规定：

5.2 道路基层

续表

	一 般 项 目
规范要求	4 表面应平整、坚实、无粗细骨料集中现象，无明显轮迹、推移、裂缝，接茬平顺，无贴皮、散料。 5 基层及底基层允许偏差应符合表 7.8.1 的规定 表 7.8.1　　　　石灰稳定土类基层及底基层允许偏差 	项目		允许偏差	检验频率			检验方法
---	---	---	---	---	---	---
			范围	点数		
平整度（mm）	基层	≤10	20m	路宽（m）	<9	1	用3m直尺和塞尺连续量两尺，取较大值
	底基层	≤15			9~15	2	
					>15	3		
标准工序	施工准备→摊铺作业→碾压→检验→洒水养护。
预防措施	（1）加强路基验收，严格控制路基平整度。 （2）加强混合料拌制过程的质量控制；应采用厂拌方式，不得使用路拌方式；宜用强制式拌和机拌和，拌和均匀，混合料卸料后如发现均匀性差，则人工重新翻拌。 （3）采用拉线控制虚铺高度，除纵向拉线控制外，强调横向拉流动线进行检测，发现有低洼处时，在碾压前及时填补。 （4）严格按照碾压试验工艺参数进行施工。 （5）加强施工车辆的通行管理，严禁压路机停放在刚成活的基层面上。
处理措施	对标高过高处进行铲除，对标高过低处进行填补，并重新碾压。

5.2.2 混凝土稳定碎石基层摊铺时粗细料分离

通病描述	混合料粗细分布不均，局部骨料或细料比较集中，骨料表面无细料黏附或黏附不好。
典型照片	 问题照片　　 标准照片

续表

原因分析	（1）混合料拌和时含水量控制不好，过干或过湿。 （2）混合料拌和时间不足，粗细料未充分拌匀。 （3）皮带运输机输送位置偏高，送出来的混合料落入料堆时发生离析，而出厂时未进行翻堆。 （4）混合料未按规定配合比进行拌和或者石料级配不好。
规范要求	《城镇道路工程施工与质量验收规范》（CJJ 1—2008） 7.8.1　石灰稳定土，石灰、粉煤灰稳定砂砾（碎石），石灰、粉煤灰稳定钢渣基层及底基层质量检验应符合下列规定： 一　般　项　目 4　表面应平整、坚实、无粗细骨料集中现象，无明显轮迹、推移、裂缝，接茬平顺，无贴皮、散料。
标准工序	施工准备→摊铺作业→碾压→检验→洒水养护。
预防措施	（1）加强混合料拌和过程控制，保证混合料拌和质量。 （2）摊铺前对已离析的混合料重新搅拌。 （3）如果在碾压过程发现粗细骨料集中现象，将其挖除，分别掺入粗细料搅拌均匀，再摊铺碾压。
处理措施	（1）加强混合料拌和过程控制，保证混合料拌和质量。 （2）用点补的方法掺撒新水泥稳定碎石或铲除局部粗集料搭料之处，用新拌水泥稳定碎石填补。 （3）将其挖除，分别掺入粗细料搅拌均匀，再摊铺碾压。

5.2.3　混凝土稳定碎石基层压实度未满足设计要求

通病描述	混凝土稳定碎石基层碾压厚度过大、压实度较差、有松散现象。
典型照片	  　　　问题照片　　　　　　　　　标准照片

续表

原因分析	（1）碾压时，压路机吨位与碾压次数不够。 （2）碾压厚度过厚，超过施工规范规定的碾压厚度。 （3）下卧层软弱、混合料含水量过高或过低，无法充分压实。 （4）实际施工配合比和原材料与试验时配合比有较大差异。
规范要求	《城镇道路工程施工与质量验收规范》（CJJ 1—2008） 7.5.6　摊铺应符合下列规定： 1　施工前应通过试验确定压实系数。水泥土的压实系数宜为1.53～1.58；水泥稳定砂砾的压实系数宜为1.30～1.35。 2　宜采用专用摊铺机械摊铺。 3　水泥稳定土类材料自搅拌至摊铺完成，不应超过3h。应按当班施工长度计算用料量。 4　分层摊铺时，应在下层养护7d后，方可摊铺上层材料。 7.5.7　碾压应符合下列规定： 1　应在含水量等于或略大于最佳含水量时进行。碾压找平应符合本规范第7.2.7条的有关规定。 2　宜采用12～18t压路机作初步稳定碾压，混合料初步稳定后用大于18t的压路机碾压，压至表面平整、无明显轮迹，且达到要求的压实度。 3　水泥稳定土类材料，宜在水泥初凝前碾压成活。 4　当使用振动压路机时，应符合环境保护和周围建筑物及地下管线、构筑物的安全要求。
标准工序	施工准备→摊铺作业→碾压→检验→洒水养护。
预防措施	（1）增加压路机吨位和碾压次数。 （2）加强搅拌设备的计量检定，保证其计量精度；加强砂（石屑）、石原材料检测，当砂（石屑）、石原材料改变时，重新进行配合比试验。 （3）养护时间控制不少于7d或养护至铺筑上层面时为止。
处理措施	（1）混凝土稳定碎石基层碾压厚度过大、压实度较差。 1）将摊铺过厚部分铲除，按试验分层摊铺厚度进行摊铺、压实。 2）调整混合料的含水量至最佳含水量。 （2）有松散现象。 1）设专人及时进行翻拌或换料处理，然后进行碾压。 2）加强养护工作，采用覆盖养护，经常洒水，保证表面湿润不干燥。

5.2.4 石灰土基层搅拌不均匀

通病描述	石灰和土掺和后搅拌不均匀，色泽呈花白现象。有的局部无灰，有的局部石灰成团。
典型照片	  问题照片　　　　　　　标准照片
原因分析	（1）使用经过雨期的消解石灰。 （2）石灰土搅拌不均匀。
规范要求	《城镇道路工程施工与质量验收规范》（CJJ 1—2008） 7.2.4　厂拌石灰土应符合下列规定： 1　石灰土搅拌前，应先筛除集料中不符合要求的颗粒，使集料的级配和最大粒径符合要求。 2　宜采用强制式搅拌机进行搅拌。配合比应准确，搅拌应均匀；含水量宜略大于最佳值；石灰土应过筛（20mm方孔）。 3　应根据土和石灰的含水量变化、集料的颗粒组成变化，及时调整搅拌用水量。 4　拌成的石灰土应及时运送到铺筑现场。运输中应采取防止水分蒸发和防扬尘措施。 5　搅拌厂应向现场提供石灰土配合比，R_7强度标准值及石灰中活性氧化物含量的资料。 7.2.5　采用人工搅拌石灰土应符合下列规定： 1　所用土应预先打碎、过筛（20mm方孔），集中堆放、集中拌合。 2　应按需要量将土和石灰按配合比要求，进行掺配。掺配时土应保持适宜的含水量，掺配后过筛（20mm方孔），至颜色均匀一致为止。 3　作业人员应佩戴劳动保护用品，现场应采取防扬尘措施。
标准工序	施工准备→石灰土搅拌制作→摊铺作业→碾压→检验→洒水养护。

续表

预防措施	（1）人工搅拌。 1）将备好的土与石灰按计算好的比例分层交叠堆在拌和场地上。 2）用锹翻拌，使土与石灰拌和均匀，色泽一致，无花白现象；土较干时应随拌随打加水至最佳含水量。 （2）机械搅拌。使用机械搅拌，保证均匀度、结构厚度、最佳含水量。
处理措施	（1）将石灰土重新进行搅拌。 （2）按规程操作，保证均匀度、结构厚度、最佳含水量。

5.2.5 灰土过干或过湿碾压

通病描述	灰土含水量控制不当，过干或过湿。
典型照片	  问题照片　　　　　　标准照片
原因分析	（1）混合料过干时，在碾压工作面表面进行洒水，仅湿润表层，未使水分渗透到整个灰土层。 （2）混合料过湿时，碾压出现颤动、扒缝现象。
规范要求	《城镇道路工程施工与质量验收规范》（CJJ 1—2008） 7.2.7　碾压应符合下列规定： 1　铺好的石灰土应当天碾压成活。 2　碾压时的含水量宜在最佳含水量的允许偏差范围内。 3　直线和不设超高的平曲线段，应由两侧向中心碾压；设超高的平曲线段，应由内侧向外侧碾压。 4　初压时，碾速宜为 20～30m/min，灰土初步稳定后，碾速宜为 30～40m/min。 5　人工摊铺时，宜先用 6～8t 压路机碾压，灰土初步稳定，找补整形后，方可用重型压路机碾压。

续表

规范要求	6 当采用碎石嵌丁封层时，嵌丁石料应在石灰土底层压实度达到85%时撒铺，然后继续碾压，使其嵌入底层，并保持表面有棱角外露。
标准工序	施工准备→石灰土搅拌制作→摊铺作业→碾压→检验→洒水养护。
预防措施	（1）灰土过干碾压。 1）石灰土搅拌须配备洒水设备，在取土、运输、翻拌过程中如有失水现象，应在翻拌过程中随搅拌随打水花，直至达到最佳含水量。 2）在碾压成活后，如不摊铺上层结构,应不断洒水养护,保持经常湿润。 （2）灰土过湿碾压。 1）土料过湿或遇雨后过湿都应进行晾晒，使其达到或接近最佳含水量时再行加灰掺拌。 2）拌和后的灰土遇雨，应晾晒，达到最佳含水量时进行碾压。 3）针对降雨多发区域，应避免在雨期进行石灰土基层施工；石灰稳定中粒土和粗粒土施工时，应采用排除表面水的措施，防止集料过分潮湿，并应保护石灰免遭雨淋。
处理措施	碾压时严控混合料含水量，如果已经碾压，应由设计进行复核，复核不合格的应予以清除。

5.3 道路面层

5.3.1 沥青路面平整度差

通病描述	沥青混合料人工摊铺、搂平、碾压后表面尚较平整，当开放交通后路面出现波浪或出现"碟子"坑、"疙瘩"坑。
典型照片	  问题照片　　　　　　　　标准照片

续表

原因分析	（1）基层平整度差。各类沥青混合料都有一定的压实系数。摊铺后，表面平整，但由于基底高低不平，虚铺厚度有薄有厚，碾压后，表面平整度差。 （2）摊铺方法不当。在等厚的虚铺层中，由于摊铺时高抛，或运输卸料时的冲击力将沥青混合料砸实，致使虚实不一致，平整度较差。 （3）料底清除不干净。沥青混合料直接倾卸在底层上，粘结在底基层上的料底清除不干净，或把当天的剩料胡乱摊在底层上，充当一部分摊铺料。 （4）碾压方式不当。未按碾压试验工艺参数选择碾压路线、速度、次数。 （5）温度控制不当。 1）碾压温度偏低，形成局部扩散和开裂。 2）开放通行的温度过高。
规范要求	《城镇道路工程施工与质量验收规范》（CJJ 1—2008） 8.1.4 当采用旧沥青路面作为基层加铺沥青混合料面层时，应对原有路面进行处理、整平或补强，符合设计要求，并应符合下列规定： 1 符合设计强度、基本无损坏的旧沥青路面经整平后可作基层使用。 2 旧路面有明显损坏，但强度能达到设计要求的，应对损坏部分进行处理。 3 填补旧沥青路面，凹坑应按高程控制、分层铺筑，每层最大厚度不宜超过 10cm。 8.1.6 当旧水泥混凝土路面作为基层加铺沥青混合料面层时，应对原水泥混凝土路面进行处理，整平或补强，符合设计要求，并应符合下列规定： 1 对原混凝土路面应作弯沉试验，符合设计要求，经表面处理后，可作基层使用。 2 对原混凝土路面层与基层间的空隙，应填充处理。 3 对局部破损的原混凝土面层应剔除，并修补完好。 4 对混凝土面层的胀缝、缩缝、裂缝应清理干净，并应采取防反射裂缝措施。 8.2.14 热拌沥青混合料的摊铺应符合下列规定： 6 摊铺沥青混合料应均匀、连续不间断，不得随意变换摊铺速度或中途停顿。摊铺速度宜为 2～6m/min。摊铺时螺旋送料器应不停顿地转动，两侧应保持有不少于送料器高度 2/3 的混合料，并保证在摊铺机全宽度断面上不发生离析。熨平板按所需厚度固定后不得随意调整。 8.2.17 碾压过程中碾压轮应保持清洁，可对钢轮涂刷隔离剂或防粘剂，严禁刷柴油。当采用向碾压轮喷水（可添加少量表面活性剂）的方式时，必须严格控制喷水量应成雾状，不得漫流。

续表

规范要求	8.2.18 压路机不得在未碾压成形路段上转向、调头、加水或停留。在当天成形的路面上，不得停放各种机械设备或车辆，不得散落矿料、油料等杂物。
标准工序	路面基层养护期结束→透油层施工→下封层施工→下面层沥青混凝土施工→黏层沥青→中面层沥青混凝土施工（如有）→黏层沥青→上面层沥青混凝土施工。
预防措施	（1）按照质量检验评定中对路面各层要求严格控制，认真检验，保证基层密实度和平整度。 （2）面层的摊铺应使用摊铺机，并放准每幅两侧高程基准线，操作手控制好熨平板的预留高的稳定性。 （3）沥青混合料应卸在铁板上，不能直接倾泻在铺筑底层上。如果要卸在底基层上，则必须将底基层清除干净，剩余冷料不能直接铺筑在底基层上充当一部分层厚。 （4）应选择恰当的碾压速度、路线、次序完成碾压。 （5）碾压温度一般初压不低于120℃，高压不低于90℃，终压完成时不低于70℃，开放通行温度应控制不低于50℃。
处理措施	（1）按照高程控制的要求，加细找补和修整。 （2）用长把刮板找补搂平。

5.3.2 沥青路面接茬不平、路面有轮迹

通病描述	两次摊铺的横向接茬不平，有跳车现象；油路面与侧石接茬或与其他建筑物接茬部位留有轮迹。
典型照片	  问题照片　　　　　　　标准照片

续表

原因分析	（1）使用摊铺机摊铺或人工摊铺，两幅之间纵向接茬不平，出现高差。 （2）油路面与侧石或与其他构筑物接茬部位，碾轮未近边碾压，又未用墩锤烙铁夯实，亏油部分又未及时找补，造成边缘部位坑洼不平、松散掉渣或留下轮迹。
规范要求	《城镇道路工程施工与质量验收规范》（CJJ 1—2008） 8.2.14　热拌沥青混合料的摊铺应符合下列规定： 1　热拌沥青混合料应采用机械摊铺。摊铺温度应符合本规范表8.2.5-2的规定。城市快速路、主干路宜采用两台以上摊铺机联合摊铺。每台机器的摊铺宽度宜小于6m。表面层宜采用多机全幅摊铺，减少施工接缝。 2　摊铺机应具有自动或半自动方式调节摊铺厚度及找平的装置、可加热的振动熨平板或初步振动压实装置、摊铺宽度可调整等功能，且受料斗斗容应能保证更换运料车时连续摊铺。 3　采用自动调平摊铺机摊铺最下层沥青混合料时，应使用钢丝或路缘石、平石控制高程与摊铺厚度，以上各层可用导梁引导高程控制，或采用声呐平衡梁控制方式。经摊铺机初步压实的摊铺层应符合平整度、横坡的要求。 8.2.19　接缝应符合下列规定： 1　沥青混合料面层的施工接缝应紧密、平顺。 2　上、下层的纵向热接缝应错开15cm；冷接缝应错开30～40cm。相邻两幅及上、下层的横向接缝均应错开1m以上。 3　表面层接缝应采用直茬，以下各层可采用斜接茬，层较厚时也可做阶梯形接茬。 4　对冷接茬施作前，应对茬面涂少量沥青并预热。
标准工序	路面基层养护期结束→透油层施工→下封层施工→下面层沥青混凝土施工→黏层沥青→中面层沥青混凝土施工（如有）→黏层沥青→上面层沥青混凝土施工。
预防措施	（1）纵横向接茬处应按规范搭接长度、厚度施工并及时进行检查，保证施工接缝紧密、平顺，上下层接缝错开。 （2）对侧石根部和构筑物接茬，碾轮压不到的部位，要有专人进行找平，用热墩锤和热烙铁，夯烙密实，并同时消除轮迹。
处理措施	（1）沥青路面接茬不平、松散。在碾压一遍发现不平、有涨油或亏油现象，应立刻人工补充或修整，冷接茬仍需刨立茬，刷边油，使用热烙铁接茬烫平整后再压实。 （2）路面有轮迹。用热墩锤和热烙铁，夯烙密实，消除轮迹。

5.3.3 混凝土路面平整度差

通病描述	混凝土路面起砂、脱皮、露骨或有孔洞。混凝土硬化后，板面表层粗麻、砂粒裸露，或出现水泥浆皮脱落，或经车辆走轧细料脱落，骨料外露。
典型照片	 问题照片　　 标准照片
原因分析	（1）未使用行夯和滚杠刮、压平整，局部未振实，找平后产生不均匀沉降。 （2）混凝土离析，成活硬化后，骨料多和骨料少的部位产生了不均匀收缩。 （3）混凝土板在刚刚成活后，尚未达到终凝，即直接覆盖草帘、草袋或上脚踩踏，或在养护初期放置重物，在混凝土板面上压出印痕。
规范要求	《城镇道路工程施工与质量验收规范》（CJJ 1—2008） 10.6.4　人工小型机具施工水泥混凝土路面层，应符合下列规定： 1　混凝土松铺系数宜控制在 1.10 ~ 1.25。 2　摊铺厚度达到混凝土板厚的 2/3 时，应拔出模内钢钎，并填实钎洞。 3　混凝土面层分两次摊铺时，上层混凝土的摊铺应在下层混凝土初凝前完成，且下层厚度宜为总厚度的 3/5。 4　混凝土摊铺应与钢筋网、传力杆及边缘角隅钢筋的安放相配合。 5　一块混凝土板应一次连续浇筑完毕。 6　混凝土使用插入式振捣器振捣时，不得过振，且振动时间不宜少于 30s，移动间距不宜大于 50cm。使用平板振捣器振捣时应重叠 10 ~ 20cm，振捣器行进速度应均匀一致。 10.7.1　水泥混凝土面层成活后，应及时养护。可选用保湿法和塑料薄膜覆盖等方法养护。气温较高时，养护不宜少于 14d；低温时，养护期不宜少于 21d。 10.7.2　昼夜温差大的地区，应采取保温、保湿的养护措施。

续表

规范要求	10.7.3　养护期间应封闭交通、不得堆放重物；养护终结，应及时清除面层养护材料。 10.7.4　混凝土板在达到设计强度的40%以后，方可允许行人通行。
标准工序	基层验收→测量放样→安装模板→混合料摊铺→混合料振捣→作面→压槽或刻纹→养护。
预防措施	（1）混凝土在运输、摊铺过程中，要防止离析，对离析的混凝土要重新搅拌均匀。 （2）当混凝土板成活后，未结硬前，暂不能急于覆盖。应在板面成活2h后（混凝土终凝后），当用手指轻压不现痕迹时，方可覆盖并洒水养护。 （3）在强度达到40%（一般5d以后）方可上脚踩踏，放置轻物。必须达到设计强度时，方可开放交通。
处理措施	（1）摊铺后，应用插入式振捣器沿边角按顺序先行振捣，再用平板振捣器全面纵横振捣，每次重叠10~20cm，然后用行夯和滚杠振捣、整平板面。对低洼处要填补带细骨料的混凝土，严禁用纯砂浆填补。 （2）当混凝土板成活后，未结硬前，暂不能急于覆盖。应在板面成活2h后（混凝土终凝后），当用手指轻压不现痕迹时，方可覆盖并洒水养护。

5.3.4　路面混凝土板块裂缝

通病描述	（1）发状裂纹，浅表层细小裂纹。 （2）局部性裂缝，如板块不规则断裂和角隅处折裂。 （3）贯穿裂缝，如工作缝（即两次浇筑的混凝土接缝）处断裂或板块横向裂缝。
典型照片	  问题照片　　　　　　　标准照片

续表

原因分析	（1）浅表层发状裂纹主要是养护不够，表层风干收缩所致。 （2）角隅处的裂缝是由于角隅处于基层接触面积较小，单位面积所承受的压力大，基层相对沉降就大，造成板下脱空，失去支承，角隅处便易断裂。角隅处振捣不实也是一个原因。 （3）板块横向裂缝可能有两种情况，一种是切缝时间过迟，造成了收缩裂缝；一种是开放交通后，路面基层有下沉，造成板块折裂（包括纵向和不规则裂缝）。 （4）土基强度不够或不均匀，春秋两季施工的混凝土路面，因温差影响产生大的翘曲应力而使板体开裂。
规范要求	《城镇道路工程施工与质量验收规范》（CJJ 1—2008） 10.6.4 人工小型机具施工水泥混凝土路面层，应符合下列规定： 3 混凝土面层分两次摊铺时，上层混凝土的摊铺应在下层混凝土初凝前完成，且下层厚度宜为总厚度的3/5。 4 混凝土摊铺应与钢筋网、传力杆及边缘角隅钢筋的安放相配合。 5 一块混凝土板应一次连续浇筑完毕。 6 混凝土使用插入式振捣器振捣时，不得过振，且振动时间不宜少于30s，移动间距不宜大于50cm。使用平板振捣器振捣时应重叠10~20cm，振捣器行进速度应均匀一致。 10.6.7 当施工现场的气温高于30℃、搅拌物温度在30℃~35℃、空气相对湿度小于80%时，搅拌物中宜掺缓凝剂、保塑剂或缓凝减水剂等。切缝应视混凝土强度的增长情况，比常温施工适度提前。铺筑现场宜设遮阳棚。 10.7.1 水泥混凝土面层成活后，应及时养护。可选用保湿法和塑料薄膜覆盖等方法养护。气温较高时，养护不宜少于14d；低温时，养护期不宜少于21d。 10.7.2 昼夜温差大的地区，应采取保温、保湿的养护措施。 10.7.3 养护期间应封闭交通、不得堆放重物；养护终结，应及时清除面层养护材料。 10.7.4 混凝土板在达到设计强度的40%以后，方可允许行人通行。
标准工序	基层验收→测量放样→安装模板→混合料摊铺→混合料振捣→作面→压槽或刻纹→养护。
预防措施	（1）控制拌制混凝土所用原材料，特别是水泥的技术指标，要符合相应标准要求。

道路面层　5.3

续表

预防措施	（2）混凝土振捣时，注意那些易产生不密实的部位的振捣；防止发生过振产生的混凝土分层。 （3）角隅处要注意对混凝土的振捣，必要时可加设钢筋。软路基地段，可作加固设计做成钢筋混凝土路面板。 （4）混凝土板成活后，按规范规定时间（终凝）及时覆盖养护，养护期间必须经常保持湿润，绝不能暴晒和风干，养护时间一般不应少于14d。
处理措施	（1）裂缝度≤20cm/m²，没有路面其他变形现象时，可清凿出施工面后，用环氧砂浆修补。 （2）20cm/m²＜裂缝度≤30cm/m²，裂缝较宽（超过0.5cm）时，将裂缝边缘凿成一个凹面，清洗干净，用稀沥青在缝边涂刷一遍，再用沥青砂或细粒式沥青混凝土填满夯实，表面用烙铁烙平。 （3）裂缝度＞30cm/m²时，应与路面强度一并考核，做全面翻修或局部翻修后，再做全面罩面处理。

5.3.5　新旧混凝土路面搭接不平顺

通病描述	水泥混凝土路面新旧路面搭接不平顺，在纵、横直缝两侧的新旧混凝土板面有明显高差（错台），有的达1~2cm。
典型照片	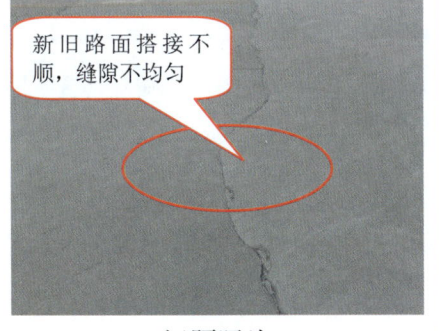  　　问题照片　　　　　　　　标准照片
原因分析	（1）相邻两板下的基础不均匀，导致路面搭接不平顺。 （2）对新浇筑路面混凝土高程控制不严，在摊铺、振捣过程中，模板浮起或下降等，造成混凝土板高程不准确。

续表

规范要求	《城镇道路工程施工与质量验收规范》（CJJ 1—2008） 10.4.1 模板应符合下列规定： 1 模板应与混凝土的摊铺机械相匹配。模板高度应为混凝土板设计厚度。 2 钢模板应直顺、平整，每1m设置1处支撑装置。 3 木模板直线部分板厚不宜小于5cm，每0.8~1m设1处支撑装置；弯道部分板厚宜为1.5~3cm，每0.5~0.8m设1处支撑装置，模板与混凝土接触面及模板顶面应刨光。 4 模板制作允许偏差应符合表10.4.1的规定。 表10.4.1 模板制作允许偏差 | 检测项目＼施工方式	三辊轴机组	轨道摊铺机	小型机具
---	---	---	---
高度（mm）	±1	±1	±2
局部变形（mm）	±2	±2	±3
两垂直边夹角（°）	90±2	90±1	90±3
顶面平整度（mm）	±1	±1	±2
侧面平整度（mm）	±2	±2	±3
纵向直顺度（mm）	±2	±1	±3	 10.6.1 混凝土铺筑前应检查下列项目： 1 基层或砂垫层表面、模板位置、高程等符合设计要求。模板支撑接缝严密、模内洁净、隔离剂涂刷均匀。
标准工序	安装模板→安设传为杆→摊铺和振捣→接缝施工→表面修整和防滑措施→养护和填缝。
预防措施	（1）对土基、基层的密实度应严格要求，对薄弱路基应作认真处理。 （2）在摊铺、振捣过程中按规范要求控制路面板高程，保证相邻新旧路面高度一致。
处理措施	（1）当错台高差为0.5~1cm时，采用切削法修理。使用带扁头的风镐，均匀地将高处凿下去，并与邻板齐平。 （2）对于错台较大的水泥混凝土路面，可采用水泥混凝土罩面技术加以处理。将原有路面用风镐凿除5~7cm，清理干净并湿润，上面重新浇筑混凝土，上下层接缝应对齐。

5.3.6 纵横缝不顺直

通病描述	表现在板块与板块之间纵横向分缝不直顺,弯曲程度严重超标。
典型照片	  问题照片（分缝不直）　　　　　标准照片
原因分析	（1）纵缝。 1）主要是模板固定不牢固，混凝土浇筑过程中跑模。 2）模板直顺度控制不严。 （2）横缝。 1）胀缝，主要是分缝板移动、倾斜、歪倒，造成不直顺。 2）缩缝，主要是切缝操作不细要求不严，造成曲弯。
规范要求	《城镇道路工程施工与质量验收规范》（CJJ 1—2008） 10.6.6　横缝施工应符合下列规定： 1　胀缝间距应符合设计规定，缝宽宜为20mm。在与结构物衔接处、道路交叉和填挖土方变化处，应设胀缝。 2　胀缝上部的预留填缝空隙，宜用提缝板留置。提缝板应直顺，与胀缝板密合、垂直于面层。 3　缩缝应垂直板面，宽度宜为4～6mm。切缝深度：设传力杆时，不得小于面层厚的1/3，且不得小于70mm；不设传力杆时不得小于面层厚的1/4，且不得小于60mm。 4　机切缝时，宜在水泥混凝土强度达到设计强度25%～30%时进行。
标准工序	横缝：画线→切割。 纵缝：测量放线→模板安装固定→模板调核→混凝土浇筑。
预防措施	（1）纵缝。 1）模板的刚度要符合要求，板块与板块之间要连接紧密，整体性好，不变位。模板固定在基层上要牢固，要具有抵抗混凝土侧压力和施工干扰的足够强度。

预防措施	2）应严格控制模板的直顺度，同时在浇筑过程中还要随时检查，如有变位要及时调正。 3）在成活过程中，对板缝边缘要用L形抹子抹直、压实。 （2）横缝。 1）要保证胀缝缝板的正确位置，必须采取胀缝外加模板，以固定胀缝板不致移动。 2）砂轮机切缝。要事先在路面上画好直线，沿直线仔细操作，严防歪斜。
处理措施	（1）用砂轮机重新切缝。 （2）弯道部分也应该直砌，再补边。

5.4 道路附属构筑物

5.4.1 检查井变形、下沉，致使路面开裂

通病描述	检查井变形、下沉，致使路面开裂。
典型照片	  问题照片　　　　　　　标准照片
原因分析	（1）检查井完成砌筑后与工作坑间隙未使用插入式振动棒灌水振动夯实。 （2）未严格控制井室与井口中心位高程。 （3）检查井的垫层和基层下沉引起检查井沉陷。 （4）检查井井盖与底座未配套，平面位置不准确。
规范要求	《公路工程质量检验评定标准　第一册 土建工程》（JTG F80/1—2017） 5.4.1　检查（雨水）井砌筑应符合下列基本要求： 1　砌筑材料及井基混凝土强度应满足设计要求。

5.4 道路附属构筑物

续表

规范要求	2 井盖质量应满足设计要求。 3 砌筑砂浆配合比准确，井壁砂浆饱满、灰缝平整。检查井内壁应平顺，抹面密实光洁无裂缝，收分均匀，踏步安装牢固。 5.4.2 检查（雨水）井砌筑实测项目应符合表 5.4.2 的规定 表 5.4.2　　　　检查（雨水）井砌筑实测项目 	项次	检查项目		规定值或允许偏差	检查方法和频率
1	砂浆强度（MPa）		在合规标准内	按照附录F检查
2	中心点位（mm）		50	全站仪：逐井检查
3	圆井直径或方井长、宽（mm）		±20	尺量：逐井检查，每井测2点
4	壁厚（mm）		-10, 0	尺量：逐井检查，每井测2点
5	井底高程（mm）		±20	水准仪：逐井检查
6	井盖与相邻路面高程（mm）	雨水井	0, -4	水准仪、水平尺：逐井检查
		检查井	+4, 0						
标准工序	施工放样→井室砌筑→流槽砌筑→井室抹面→盖板安装→井筒施工→回填土方→路面施工→井盖安装。			
预防措施	（1）检查井完成砌筑后与工作坑间隙，应使用插入式振动棒灌水振动夯实。 （2）严格控制井室与井口中心位高程，加强检查井砌筑质量，防止井体出现变形。 （3）加强检查井的垫层和基层完工验收，保证垫层和基层承载力。 （4）选用配套检查井井盖和底座，井盖质量应满足设计要求。			
处理措施	（1）采用注浆方法，加固检查井周边土体，修复破裂路面。 （2）将检查井周围开裂路面挖除，对周边的填土重新回填、夯实，路面恢复。			

5.4.2 雨水口砌体及圈梁偏位

通病描述	雨水口砌体及圈梁偏位。

续表

典型照片	 问题照片	 标准照片
原因分析	施工过程中未做好测量定位控制，结构尺寸未按设计要求施工，砌筑过程中未仔细检查。	
规范要求	《公路工程质量检验评定标准　第一册　土建工程》（JTG F80/1—2017） 5.4.1　检查（雨水）井砌筑应符合下列基本要求： 1　砌筑材料及井基混凝土强度应满足设计要求。 2　井盖质量应满足设计要求。 3　砌筑砂浆配合比准确，井壁砂浆饱满、灰缝平整。检查井内壁应平顺，抹面密实光洁无裂缝，收分均匀，踏步安装牢固。 5.4.2　检查（雨水）井砌筑实测项目应符合表5.4.2的规定 表5.4.2　　　　　检查（雨水）井砌筑实测项目 	项次	检查项目		规定值或允许偏差	检查方法和频率
---	---	---	---	---
1	砂浆强度（MPa）		在合规标准内	按照附录F检查
2	中心点位（mm）		50	全站仪：逐井检查
3	圆井直径或方井长、宽（mm）		±20	尺量：逐井检查，每井测2点
4	壁厚（mm）		-10，0	尺量：逐井检查，每井测2点
5	井底高程（mm）		±20	水准仪：逐井检查
6	井盖与相邻路面高程（mm）	雨水井	0，-4	水准仪、水平尺：逐井检查
		检查井	+4，0			
标准工序	放线定位→基础施工→主体砌筑→支管安装→回填→井篦安装→清理加固→抹面。	

续表

预防措施	（1）加强测量定位控制和交底，施工过程中做好测量复查。 （2）结构尺寸按照设计要求施工，砌筑过程中仔细检查。
处理措施	根据雨水口偏位的实际情况，采用补灰或切除的方式进行修正。

第6章 管道工程

6.1 管道沟槽开挖

6.1.1 管网沟槽开挖基底不符合要求

通病描述	管道沟槽槽底开挖时出现超挖、欠挖，断面宽度不符合设计规范要求。
典型照片	  设计开挖1.50m，实际开挖1.80m，超过开挖允许偏差±20mm｜设计开挖1.50m，实际开挖1.51m，满足开挖允许偏差±20mm 问题照片　　　　　　　标准照片
原因分析	（1）测量布点有误，致使测量放线错误。 （2）开挖机械操作人员控制不严格，导致局部多挖、欠挖，不符合要求。
规范要求	《给水排水管道工程施工及验收规范》（GB 50268—2008） 4.3.7 沟槽开挖应符合下列规定： 1 沟槽的开挖断面应符合施工组织设计的要求。槽底原状地基土不得扰动，机械开挖时槽底预留 200～300mm 土层由人工开挖至设计高程，整平。 2 槽底不得受水浸泡或受冻，槽底局部扰动或受水浸泡时，宜采用天然级配砂石或石灰土填；槽底扰动土层为湿陷性黄土时，应按设计要求进行地基处理。 3 槽底土层为杂填土、腐蚀性土时，应全部挖除并按设计要求进行地基处理。

续表

标准工序	测量放线→分层开挖→修整槽边→清底→验槽。
预防措施	（1）加强测量复测，进行严格定位，在坡顶和坡脚处设置明显标志和边线，并设专人检查。 （2）在挖槽时应有专人对槽底高程进行测量检验，使用机械挖槽时，在设计槽底高程以上预留20cm土层，由人工清挖至设计高程。
处理措施	（1）欠挖。对欠挖处高程进行测量检验，清挖至设计高程。 （2）超挖在15cm以内。可用原土回填夯实，其密实度不应低于原地基天然土的密实度。 （3）超挖在15cm以上。可用石灰土处理，其密度不应低于轻型击实的95%，或用砂卵石回填压实。 （4）当槽底有地下水或地基土壤含水量较大时，不适于压实，应采用换填等措施。

6.1.2 沟槽断面不符合要求

通病描述	沟槽坡脚线不直顺，沟槽坡度偏陡、槽底宽度尺寸不够。
典型照片	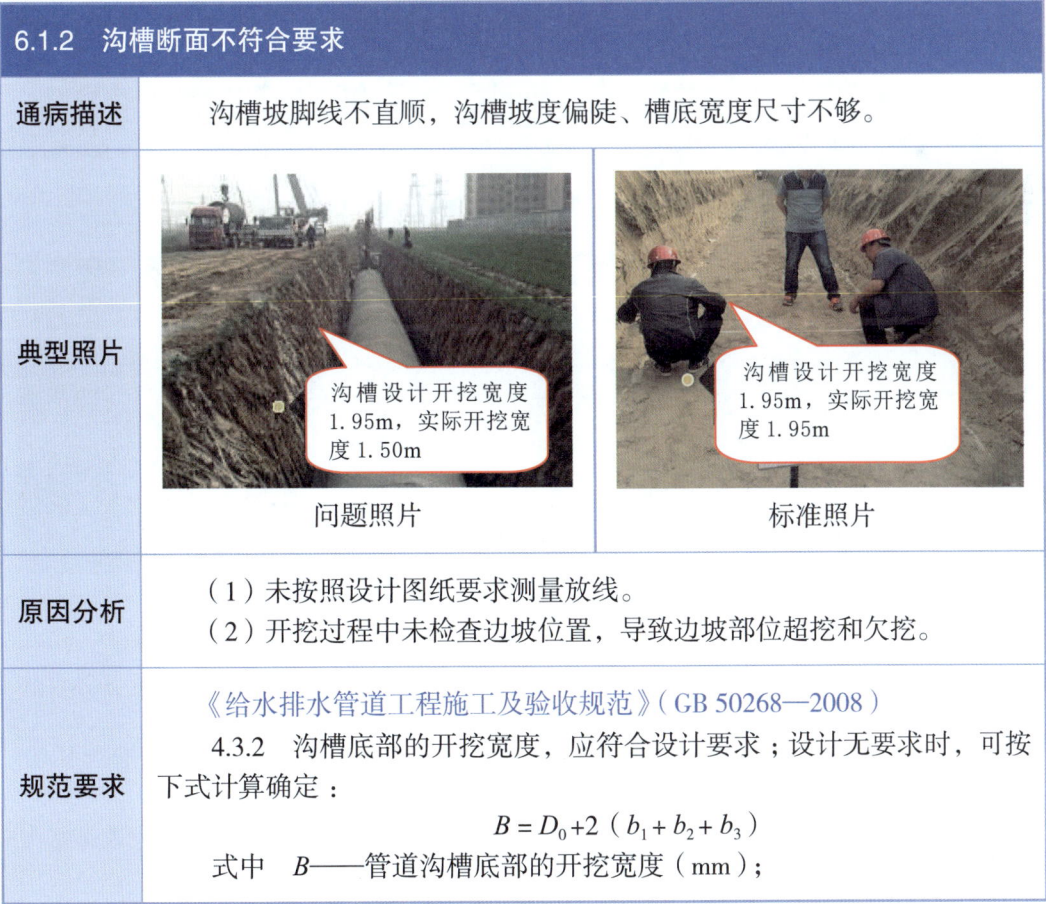 问题照片　　　标准照片
原因分析	（1）未按照设计图纸要求测量放线。 （2）开挖过程中未检查边坡位置，导致边坡部位超挖和欠挖。
规范要求	《给水排水管道工程施工及验收规范》（GB 50268—2008） 4.3.2　沟槽底部的开挖宽度，应符合设计要求；设计无要求时，可按下式计算确定： $$B = D_0 + 2(b_1 + b_2 + b_3)$$ 式中　B——管道沟槽底部的开挖宽度（mm）；

续表

规范要求	D_0——管外径（mm）； b_1——管道一侧的工作面宽度（mm）； b_2——有支撑要求时，管道一侧的支撑厚度，可取 150～200mm； b_3——现场浇筑混凝土或钢筋混凝土管渠一侧模板厚度（mm）。
标准工序	确定开挖的顺序和坡度→沿灰线切出槽边轮廓线→分层开挖→修整槽边→清底→验槽。
预防措施	（1）按设计要求正确测量放点，机械开挖操作人员按要求开挖，质量管理人员做好监督。 （2）沟槽在开挖过程中及开挖完成后均需测量复核，发现偏差立即纠正。
处理措施	对不符合要求的边坡，按设计坡度要求重新放线处理。

6.2 管道基础

6.2.1 管网沟槽槽底泡水

通病描述	沟槽开挖后槽底土基被水浸泡。
典型照片	问题照片（槽底泡水）　标准照片
原因分析	（1）外来水流入沟槽，雨季施工未将沟槽四周叠筑闭合的土埝或者在埝外开挖排水沟。 （2）对地下水或浅层滞水，未采取降、排水措施或降、排水措施不力。 （3）雨季施工，未在沟槽四周叠筑闭合土埝。 （4）在地下水位以下或有浅层滞水地段施工，未在沟槽内设置排水沟划或集水井。

续表

规范要求	《给水排水管道工程施工及验收规范》（GB 50268—2008） 4.3.7 沟槽的开挖应符合下列规定： 2 槽底不得受水浸泡或受冻，槽底局部扰动或受水浸泡时，宜采用天然级配砂砾石或石灰土回填；槽底扰动土层为湿陷性黄土时，应按设计要求进行地基处理。
标准工序	截水措施→沟槽开挖→降、排水措施。
预防措施	（1）下水道接通河道或接入旧雨水管渠的沟段，开槽应在枯水期先行施工，以防下游河水倒灌入沟槽。 （2）在地下水位以下或有浅层滞水地段挖槽，应使排水沟、集水井或各种井点排降水设备经常保持完好状态，保证正常运行。 （3）雨季施工，要将沟槽四周叠筑闭合土埝，必要时要在埝外开挖排水沟，防止水流入槽内。 （4）沟槽开挖符合设计要求，经验收后应随即进行下一道工序，否则，槽底以上可暂留 20cm 土层不予挖出，作为保护层。
处理措施	（1）立即检查降、排水措施，疏通排水沟，将水引走、排净。 （2）已经被水浸泡而受扰动的地基土，可根据具体情况处治： 1）当土层扰动在 10cm 以内时，要将扰动土挖出，换填级配砂砾或砾石夯实。 2）当土层扰动深度达到 30cm 但下部坚硬时，要将扰动土挖出，换填大卵石或块石。并用砾石填充空隙，将表面找平夯实。

6.3 管道铺设

6.3.1 混凝土管道变形

通病描述	混凝土管道变形。
典型照片	问题照片（管道安装时变形） / 标准照片

续表

原因分析	（1）测量人员测量不准确，测量人员未准确定位测量，致使管道铺设出现偏差。 （2）管材在运输、安装过程中，未采用相关保护措施。 （3）管道回填时导致管道变形，管道回填夯实未双侧同时施工，管道受到单侧压力荷载致使管道变形起伏或者夯实时荷载过大导致管道变形。 （4）管道基础处理未达到设计要求，承载力不足，在重力作用下混凝土管出现局部沉降，发生变形。
规范要求	《给水排水管道工程施工及验收规范》（GB 50268—2008） 3.1.9　工程所用的管材、管道附件、构（配）件和主要原材料等产品进入施工现场时必须进行进场验收并妥善保管。进场验收时应检查每批产品的订购合同、质量合格证书、性能检验报告、使用说明书、进口产品的商检报告及证件等，并按国家有关标准规定进行复验，验收合格后方可使用。 4.1.9　给排水管道铺设完毕并经检验合格后，应及时回填沟槽。回填前，应符合下列规定： 1　预制钢筋混凝土管道的现浇筑基础的混凝土强度、水泥砂浆接口的水泥砂浆强度应不小于5MPa； 2　现浇钢筋混凝土管渠的强度应达到设计要求； 3　混合结构的矩形或拱形管渠，砌体的水泥砂浆强度达到设计要求； 4　井室、雨水口及其他附属构筑物的现浇混凝土强度或砌体水泥砂浆强度应达到设计要求； 5　回填时采取防止管道发生位移或损失的措施； 6　化学建材管道或管径大于900mm的钢管、球墨铸铁管等柔性管道在沟槽回填前，应采取措施控制管道的竖向变形； 7　雨期应采取措施防止管道漂浮。 4.5.4　除设计有要求外，回填材料应符合下列规定： 1　采用土回填时，应符合下列现定： 1）槽底至管顶以上500mm范围内，土中不得含有机物以及大于50mm的砖、石等硬块；在抹带接口处、防绝缘层或电缆周围，应采用细粒土回填； 3）回填土的含水量，宜按土类和采用的压实工具控制在最佳含水率±2%范围内。 4.5.10　刚性管道沟槽回填的压实作业应符合下列规定：

续表

规范要求	2 管道两侧和管顶以上500m范围内胸腔夯实，应采用轻型压实机具，管道两侧压实面的高差不应超过300mm； 3 管道基础为土弧基础时，应填实管道支撑角范围内腋角部位；压实时，管道两侧应对称进行，且不得使管道位移或损伤。 4.5.11 柔性管道的沟槽回填作业应符合下列规定： 1 回填前，检查管道有无损伤或变形，有损伤的管道应修复或更换。 4.5.12 柔性管道回填至设计高程时，应在12～24h内测量并记录管道变形率，管道变形率应符合设计要求；设计无要求时，钢管或球墨铸铁管道变形率应不超过2%，化学建材管道变形率应不超过3%。 4.6.3 沟槽回填应符合下列规定： 3 柔性管道的变形率不得超过设计要求或本规范4.5.12条规定，管壁不得出现纵向隆起、环向扁平和其他变形情况。
标准工序	测量放线→沟槽开挖→基础（垫层）敷设→下管→功能性试验（闭水试验、压力试验）→回填。
预防措施	（1）管材进场后，应进行外观检查。管材不得有破损、脱皮、蜂窝露骨、裂纹等现象，对外观检查不合格的管材不得安装。 （2）管材在运输、安装过程中应加强保护。 （3）管沟回填料的粒径须严格按规范要求；管沟回填时必须根据回填的部位和施工工艺选择合适的填料、合适的松铺厚度和压（夯）实机具，特别注意腋角回填质量。 （4）开挖管沟后须验槽，不满足设计承载力要求时应进行处理。
处理措施	（1）对损伤管道进行修复或更换。 （2）重新夯实管道底部的回填材料。 （3）对软弱地基进行换填。 （4）对CCTV检测成果为二级及以上等级的变形，可采取返工方式，将管道开挖后，重新进行基础处理、管道安装、两侧同步均匀回填压实等措施，确保管道无变形缺陷。

6.3.2 混凝土管道接口漏水

通病描述	当排水管道竣工交付使用后，出现管道接口渗漏，致使覆土层水土流失，导致地面沉降、管道断裂等现象。

续表

典型照片	 接口漏水 问题照片	 密封性良好 标准照片

原因分析	（1）柔性接口。 1）橡胶圈质量不合格，进场使用控制管理不到位，耐酸、耐碱、耐油以及几何尺寸不符合设计规范要求。 2）安装前未对承口和插口进行清洗，套在插口上的橡胶圈不平直、扭曲。 （2）刚性接口。安装前未对承口和插口进行清洗，未处理毛口，使用的砂浆或细石混凝土的配合比不符合设计要求。 （3）管道回填时，管道回填夯实未双侧同时施工，管道受到单侧压力荷载或者夯实时荷载过大导致管道脱节漏水。

规范要求	《给水排水管道工程施工及验收规范》（GB 50268—2008） 3.1.9 工程所用的管材、管道附件、构（配）件和主要原材料等产品进入施工现场时必须进行进场验收并妥善保管。进场验收时应检查每批产品的订购合同、质量合格证书、性能检验报告、使用说明书、进口产品的商检报告及证件等，并按国家有关标准规定进行复验，验收合格后方可使用。 5.6.6 柔性接口的钢筋混凝土管、预（自）应力混凝土管安装前，承口内工作面、插口外工作面应清洗干净；套在插口上的橡胶圈应平直、无扭曲，应正确就位；橡胶圈表面和承口工作面应涂刷无腐蚀性的润滑剂；安装后放松外力，管节回弹不得大于10mm，且橡胶圈应在承、插口工作面上。 5.6.7 刚性接口的钢筋混凝土管道、钢丝网水泥砂浆抹带接口材料应符合下列规定： 1 选用粒径0.5～1.5mm，含泥量不大于3%的洁净砂； 2 选用网格10mm×10mm、丝径为20号的钢丝网； 3 水泥砂浆配比满足设计要求。 5.6.9 钢筋混凝土管沿直线安装时，管口间的纵向间隙应符合设计及产品标准要求，无明确要求时应符合表5.6.9-1的规定；预（自）应力混凝土管沿曲线安装时，管口间的纵向间隙最小处不得小于5mm，接口转角应符合表5.6.9-2的规定。

续表

规范要求	表 5.6.9-1　钢筋混凝土管管口间的纵向间隙 	管材种类	接口类型	管内径D_1（mm）	纵向间隙（mm）
---	---	---	---
混凝土钢筋管	平口、企口	500~600	1.0~5.0
		≥700	7.0~15
	承插式乙型口	600~3000	5.0~1.5 | 5.7.2　承插式橡胶圈柔性接口施工时应符合下列规定： 1　清理管道承口内侧、插口外部凹槽等连接部位和橡胶圈； 2　将橡胶圈套入插口上的凹槽内，保证橡胶圈在凹槽内受力均匀、没有扭曲翻转现象； 3　用配套的润滑剂涂擦在承口内侧和橡胶圈上，检查涂覆是否完好； 4　在插口上按要求做好安装标记，以便检查插入是否到位； 5　接口安装时，将插口一次插入承口内，达到安装标记为止； 6　安装时接头和管端应保持清洁； 7　安装就位，放松紧管器具后进行下列检查： 1）复核管节的高程和中心线； 2）用特定钢尺插入承插口之间检查橡胶圈各部的环向位置，确认橡胶圈在同一深度； 3）接口处承口周围不应被胀裂； 4）橡胶圈应无脱槽、挤出等现象； 5）沿直线安装时，插口端面与承口底部的轴线间隙应大于5mm，且不大于表5.7.2规定的数值。 表 5.7.2　管口间的最大轴向间隙 | 管内径D_i （mm）	内衬式管（衬筒管）		埋置式管（埋筒管）	
---	---	---	---	---
	单胶圈（mm）	双胶圈（mm）	单胶圈（mm）	双胶圈（mm）
600~1400	15	—	—	—
1200~1400	—	25	—	—
1200~4000	—	—	25	25	
标准工序	柔性接口：管件内外表面污垢、杂物清理干净→套橡胶密封圈→橡胶密封圈与安装线对齐→将该管缓缓插入待安装管道的承口至预定位置。 刚性接口：管件内外表面污垢、杂物清理干净→管道的插口插入管道的承口内→嵌缝材料嵌缝→密封材料密封。

续表

预防措施	（1）柔性接口。 1）加强管道连接材料进场验收，保证原材耐酸、耐碱、耐油以及几何尺寸标准。 2）安装前应对承口和插口进行清洗，保证套在插口上的橡胶圈平直、无扭曲。 （2）刚性接口。安装前应对承口和插口用水清洗干净，保持湿润，有毛口处应凿清，使用的砂浆或细石混凝土的配合比应符合设计规定，并随拌随用，不得超过初凝时间，严禁加水再拌再使用。 （3）回填时，两侧均匀填筑，人工夯实密实，防止管道变形。
处理措施	（1）柔性接口。密封处渗漏，应更换橡胶圈。 （2）刚性接口。接口填料不当出现渗漏，应在接口四周重新抹水泥砂浆填充；管道接口出现裂缝，应更换管道。

6.3.3 PE管道变形

通病描述	PE管道在运输、存储、安装过程中尺寸、形状发生变化。
典型照片	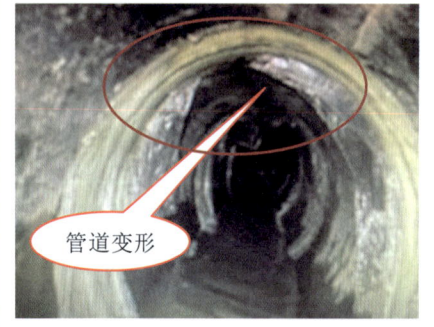  问题照片　　　　　　　　标准照片
原因分析	（1）管道运输、存储过程中，受到挤压、日晒老化，引起变形。 （2）管道安装过程中，基础不平整，回填夯实未双侧同时施工，管道受到单侧压力荷载致使管道变形，起伏夯实时荷载过大或者回填材料存在块石等不合格料导致管道变形。
规范要求	《给水排水管道工程施工及验收规范》（GB 50268—2008） 4.5.12　柔性管道回填至设计高程时，应在12～24h内测量并记录管道变形率，管道变形率应符合设计要求；设计无要求时，钢管或球墨铸铁管道变形率应不超过2%，化学建材管道变形率应不超过3%；当超过时，应采取下列处理措施：

续表

规范要求	1 当钢管或球墨铸铁管道变形率超过 2%，但不超过 3% 时；化学建材管道变形率超过 3%，但不超过 5% 时；应采取下列处理措施： 1）挖出回填材料至露出管径 85% 处，管道周围内应人工挖掘以避免损伤管壁； 2）挖出管节局部有损伤时，应进行修复或更换； 3）重新夯实管道底部的回填材料； 4）选用适合回填材料按本规范第 4.5.11 条的规定重新回填施工，直至设计高程； 5）按本条规定重新检测管道变形率。 2 钢管或球墨铸铁管道的变形率超过 3% 时，化学建材管道变形率超过 5% 时，应挖出管道，并会同设计单位研究处理。
标准工序	测量放线→沟槽开挖→基础（垫层）敷设→下管→功能性试验（闭水试验、压力试验）→回填。
预防措施	（1）管道运输、存储过程中，应避免挤压、日晒。 （2）管道基础要平整均匀，密实度符合要求，表面不能有凸出尖硬物体，坡度要符合设计的标准要求。
处理措施	（1）对损伤管道进行修复或更换。 （2）重新夯实管道底部的回填材料。 （3）对软弱地基进行换填。

6.3.4 PE管道接口漏水

通病描述	PE 管道接口漏水，甚至在 PE 管道接口处出现断裂、回缩脱口等管道爆管事故。
典型照片	  问题照片　　　　　　　标准照片

续表

原因分析	（1）管道连接材料不合格，连接材料进场使用控制管理不到位，导致连接材料不符合设计规范要求。 （2）管道连接安装时未清理连接部位、密封件、套筒等配件。 （3）管道基础不符合设计要求，回填后出现不均匀沉降、管道变形移位。 （4）管道回填夯实未双侧同时施工，管道受到单侧压力荷载或者夯实时荷载过大导致管道脱节漏水。
规范要求	《给水排水管道工程施工及验收规范》（GB 50268—2008） 5.9.3 管道连接应符合下列规定： 1 承插式柔性连接、套筒（带或套）连接、法兰连接、卡箍连接等方法采用的密封件、套筒件、法兰、紧固件等配套管件，必须由管节生产厂家配套供应；电熔连接、热熔连接应采用专用电器设备、挤出焊接设备和工具进行施工； 2 管道连接时必须对连接部位、密封件、套筒等配件清理干净，套筒（带或套）连接、法兰连接、卡箍连接用的钢制套筒、法兰、卡箍、螺栓等金属制品应根据现场土质并参照相关标准采取防腐措施； 3 承插式柔性接口连接宜在当日温度较高时进行，插口端不宜插到承口底部，应留出不小于10mm的伸缩空隙，插入前应在插口端外壁做出插入深度标记；插入完毕后，承插口周围空隙均匀，连接的管道平直；电熔连接、热熔连接、套筒（带或套）连接、法兰连接、卡箍连接应在当日温度较低或接近最低时进行；电熔连接、热熔连接时电热设备的温度控制、时间控制，挤出焊接时对焊接设备的操作等，必须严格按接头的技术指标和设备的操作程序进行；接头处应有沿管节圆周平滑对称的外翻边，内翻边应铲平； 5 管道与井室宜采用柔性连接，连接方式符合设计要求；设计无要求时，可采用承插管件连接或中介层做法； 6 管道系统设置的弯头、三通、变径处应采用混凝土支墩或金属卡箍拉杆等技术措施；在消火栓及闸阀的底部应加垫混凝土支墩；非锁紧型承插连接管道，每根管节应有3点以上的固定措施； 7 安装完的管道中心线及高程调整合格后，即将管底有效支撑角范围用中粗砂回填密实，不得用土或其他材料回填。
标准工序	管口清理→热熔工具接通电源到达工作温度→标绘出热熔深度→把管道导入热熔工具→检查。
预防措施	（1）加强管道连接材料进场验收，保证原材耐酸、耐碱、耐油以及几何尺寸标准。 （2）管道连接安装时必须将连接部位、密封件、套筒等配件清理干净。

续表

预防措施	（3）加强管道基础验收，保证基础承载力、高程满足设计要求。 （4）管道回填夯实应双侧同时施工，避免管道受到单侧压力荷载或者夯实时荷载过大导致管道脱节漏水。
处理措施	如果管道接口出现裂缝，应更换管道。如果接口出现问题，应重新热熔。

6.3.5 管道与井室接口漏水

通病描述	管道与井室的连接口渗漏水。
典型照片	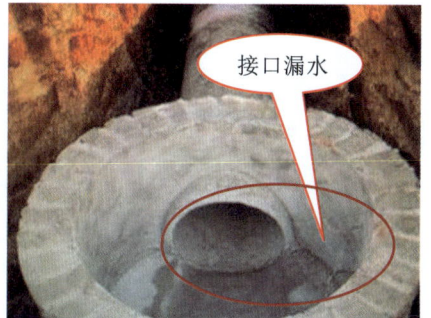  问题照片　　　　　　　　　　标准照片
原因分析	（1）接口封堵材料进场使用控制管理不到位，导致接口封堵材料不符合设计规范要求。 （2）回填时导致管道与井室脱节，管道回填夯实施工时，管道受到压力荷载过大或者夯实时荷载过大导致管道与井室脱节漏水。
规范要求	《给水排水管道工程施工及验收规范》（GB 50268—2008） 5.2.2 混凝土基础施工应符合下列规定： 1 平基与管座的模板，可一次或两次支设，每次支设高度宜略高于混凝土的浇筑高度； 2 平基、管座的混凝土设计无要求时，宜采用强度等级不低于C15的低坍落度混凝土； 3 管座与平基分层浇筑时，应先将平基凿毛冲洗干净，并将平基与管体相接触的腋角部位，用同强度等级的水泥砂浆填满、捣实后，再浇筑混凝土，使管体与管座混凝土结合严密； 4 管座与平基采用垫块法一次浇筑时，必须先从一侧灌注混凝土，对侧的混凝土高过管底与灌注侧混凝土高度相同时，两侧再同时浇筑，并保持两侧混凝土高度一致；

续表

规范要求	5 管道基础应按设计要求留变形缝，变形缝的位置应与柔性接口相一致； 6 管道平基与井室基础宜同时浇筑；跌落水井上游接近井基础的一段应砌砖加固，并将平基混凝土浇至井基础边缘； 7 混凝土浇筑中应防止离析；浇筑后应进行养护，强度低于12MPa时不得承受荷载。 8.1.4 管道附属构筑物的基础（包括支墩侧基）应建在原状土上，当原状土地基松软或被扰动时，应按设计要求进行地基处理。 8.2.1 井室的混凝土基础应与管道基础同时浇筑；施工应满足本规范第5.2.2条的规定。 8.2.2 管道穿过井壁的施工应符合设计要求；设计无要求时应符合下列规定： 1 混凝土类管道、金属类无压管道，其管外壁与砌筑井壁洞圈之间为刚性连接时水泥砂浆应坐浆饱满、密实； 2 金属类压力管道，井壁洞圈应预设套管，管道外壁与套管的间隙应四周均匀一致，间隙宜采用柔性或半柔性材料填嵌密实； 3 化学建材管道宜采用中介层法与井壁洞圈连接； 4 对于现浇混凝土结构井室，井壁洞圈应振捣密实； 5 排水管道接入检查井时，管目外缘与井内壁平齐；接入管径大于300mm时，对于砌筑结构井室应砖圈加固。 8.2.6 有支、连管接入的井室，应在井室施工的同时安装预留支、连管，预留管的管径、方向、高程应符合设计要求，管与井壁衔接处应严密；排水检查井的预留管管口宜采用低强度砂浆砌筑封口抹平。
标准工序	定位井底座中心→调整井底标高至满足设计要求→接管安装→连接部位用防水砂浆填实。
预防措施	（1）接口封堵材料进场要加强管理，进场验收要提供合格证，合理保存好，避免风吹日晒、受潮等。 （2）在管井相接的位置设置基础过渡区，化学建材管道以短管的形式与检查井连接，保证管道得到均匀的支承。
处理措施	（1）管道和检查井的连接部位用防水砂浆填实。 （2）破损和开裂管道重新换管。

6.4 管道回填

6.4.1 管道回填土土质不符合设计与规范要求

通病描述	管道回填土土质较差，含有有机物、砖、石等硬块，不符合设计规范要求。
典型照片	 问题照片　　 标准照片
原因分析	（1）土料加工不符合规范和施工方案要求，造成级配、含水率等指标不符合设计要求。 （2）回填前未按要求对土料进行检查检测。 （3）料区开采未将草皮、覆盖层等清除干净。
规范要求	《给水排水管道工程施工及验收规范》（GB 50268—2008） 4.5.4　除设计有要求外，回填材料应符合下列规定： 1　采用回填土时，应符合下列规定： 1）槽底至管顶以上 500mm 范围内，土中不得含有机物、冻土以及大于 50mm 的砖、石等硬块；在抹带接口处、防腐绝缘层或电缆周围，应采用细粒土回填； 2）冬期回填时管顶以上 500mm 范围以外可均匀掺入冻土，其数量不得超过填土总体积的 15%，且冻块尺寸不得超过 100mm； 3）回填土的含水量，宜按土类和采用的压实工具控制在最佳含水率 ±2% 范围内。 2　采用石灰土、砂、砂砾等材料回填时，其质量应符合设计要求或有关标准规定。
标准工序	槽底清理 → 检验土质 → 分层铺土、耙平 → 打夯密实 → 检验密实度 → 修整找平验收。

续表

预防措施	（1）土料开采和加工需满足规范及施工方案要求，控制在最佳含水率±2%范围内。 （2）回填前应先对土料进行检测，符合设计要求方可投入使用。 （3）杜绝施工过程中使用的土料与设计、经检测合格的土料不一致现象，禁止人为更换或掺入其他回填料。
处理措施	挖除不合格土料，选用合格土料按要求回填。

6.4.2 管道回填后发生沉降

通病描述	管道回填后发生不均匀沉降、开裂等问题。
典型照片	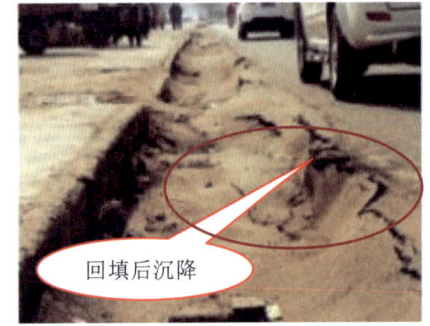  问题照片　　　　　　　　标准照片
原因分析	（1）松土回填、未分层夯实。 （2）沟槽中积水、淤泥、有机杂物没有认真清除和处理。 （3）使用压路机碾压回填土的沟槽，在检查井周围和沟槽边角碾压不到的部位未使用小型夯具夯实，局部漏夯。 （4）回填土中含有较大的干土块或含水量较大的黏土块。 （5）回填土不采用夯压方法，采用水沉法（纯砂性土除外），密实度达不到要求。
规范要求	《给水排水管道工程施工及验收规范》（GB 50268—2008） 4.5.2　管道沟槽回填应符合下列规定： 1　沟槽内砖、石、木块等杂物清除干净； 2　沟槽内不得有积水； 3　保持降排水系统正常运行，不得带水回填。

续表

规范要求	4.5.3 井室、雨水口及其他附属构筑物周围回填应符合下列规定： 1 井室周围的回填，应与管道沟槽回填同时进行；不便同时进行时，应留台阶形接茬； 2 井室周围回填压实时应沿井室中心对称进行，且不得漏夯； 3 回填材料压实后应与井壁紧贴； 4 路面范围内的井室周围，应采用石灰土、砂、砂砾等材料回填，其回填宽度不宜小于400mm； 5 严禁在槽壁取土回填。 4.5.4 除设计有要求外，回填材料应符合下列规定： 1 采用土回填时，应符合下列规定： 1）槽底至管顶以上500mm范围内，土中不得含有机物、冻土以及大于50mm的砖、石等硬块；在抹带接口处、防腐绝缘层或电缆周围，应采用细粒土回填。 3）回填土的含水量，宜按土类和采用的压实工具控制在最佳含水率±2%范围内。 2 采用石灰土、砂、砂砾等材料回填时，其质量应符合设计要求或有关标准规定。
标准工序	槽底清理→检验土质→分层铺土、耙平→打夯密实→检验密实度→修整找平验收。
预防措施	（1）管槽回填时必须根据回填的部位和施工条件选择合适的填料和压（夯）实机械。 （2）沟槽较窄时可采用人工或蛙式打夯机夯填。不同的填料、不同的填筑厚度应选用不同的夯压器具。 （3）严禁使用淤泥、树根、草皮及其腐殖物作为填料。 （4）控制填料含水量在最佳含水率±2%范围内；遇地下水或雨后施工必须先排干水再分层随填随压密实。
处理措施	（1）土料不合格时，挖除原有不合格土料，换填合格土料。 （2）压实度不合格时，对原有土料重新进行分层夯实。

6.5 管道附属构筑物

6.5.1 支墩不符合设计规范要求

通病描述	管道支墩几何尺寸、外观、强度等不符合设计规范。

续表

典型照片	问题照片（支墩不稳出现裂缝）	标准照片
原因分析	（1）施工前未清除沟槽淤泥，未做到干槽施工。 （2）混凝土质量不合格，未充分振捣。 （3）施工前未对槽底高程、模板顶弹线高程、强度、刚度和稳定性进行检查复核。	
规范要求	《给水排水管道工程施工及验收规范》（GB 50268—2008） 8.3.1　管节及管件的支墩和锚定结构位置准确，锚定牢固。钢制锚固件必须采取相应的防腐处理。 8.3.2　支墩应在坚固的地基上修筑。无原状土作后背墙时，应采取措施保证支墩在受力情况下，不致破坏管道接口。采用砌筑支墩时，原状土与支墩之间应采用砂浆填塞。 8.3.3　支墩应在管节接口做完、管节位置固定后修筑。 8.3.4　支墩施工前，应将支墩部位的管节、管件表面清理干净。 8.3.5　支墩宜采用混凝土浇筑，其强度等级不应低于C15。采用砌筑结构时，水泥砂浆强度不应低于M7.5。 8.3.6　管节安装过程中的临时固定支架，应在支墩的砌筑砂浆或混凝土达到规定强度后方可拆除。 8.3.7　管道及管件支墩施工完毕，并达到强度要求后方可进行水压试验。	
标准工序	定位放线→混凝土垫层→钢筋绑扎→支模板→混凝土浇筑→混凝土养护→拆模板。	
预防措施	（1）施工前应将沟槽清除干净，清净淤泥，并铺设砂垫层，保证干槽施工；如果槽内有地下水应采取排水措施。 （2）严格控制混凝土的质量，按配合比进行下料，并振捣密实。 （3）严格控制支墩厚度和高程，浇筑混凝土支墩前，应复核槽底标高，检查模板顶弹线高程、强度、刚度和稳定性。	
处理措施	几何尺寸、外观、强度不符合设计要求，应返工重做。	

6.5.2 橡胶止水带安装不符合设计规范要求

通病描述	止水带使用铁钉固定、破损。
典型照片	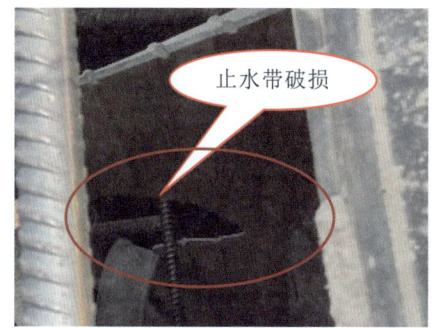  问题照片　　　　　　　标准照片
原因分析	（1）止水带材料质量不合格。 1）材料进场控制不严，材料质量不合格。 2）材料放置或者储存不当，长时间曝晒、雨淋，与有污染性强的化学物质接触。 3）运输过程不当，造成止水带破损。 （2）止水带固定方法不当。施工过程中止水带未可靠固定，在浇注混凝土时止水带发生位移，引起止水带破损。 （3）混凝土浇筑不当。混凝土浇捣过程中，未注意浇捣压力，振捣棒直接接触止水带，导致止水带破损。
规范要求	《给水排水构筑物工程施工及验收规范》（GB 50141—2008） 6.1.10 构筑物变形缝的止水带应按设计要求选用，并应符合下列规定： 3 金属止水带应平整、尺寸准确，其表面的铁锈、油污应清除干净，不得有砂眼、钉孔。 4 金属止水带接头应视其厚度，采用咬接或搭接方式；搭接长度不得小于20mm，咬接或搭接必须采用双面焊接。 5 金属止水带在伸缩缝中的部分应涂防锈和防腐涂料。 6.2.2 混凝土模板安装应按现行国家标准《混凝土结构工程施工质量验收规范》GB 50204 相关规定执行，并应符合下列规定： 8 设有变形缝的构筑物，其变形缝处的端面模板安装还应符合下列规定： 1）变形缝止水带安装应固定牢固、线形平顺、位置准确。

续表

规范要求	2）止水带面中心线应与变形缝中心线对正，嵌入混凝土结构端面的位置应符合设计要求。 3）止水带和模板安装中，不得损伤带面，不得在止水带上穿孔或用铁钉固定就位。
标准工序	确定伸缩缝位置→放置止水带→固定止水带→支模浇筑混凝土。
预防措施	（1）止水带材料质量不合格。 1）加强对材料进场的检验，严格控制进场材料质量合格。 2）材料应妥善储存，避免长时间曝晒、雨淋，与有污染性强的化学物质接触。 3）运输过程中加强对原材料的保护。 （2）止水带固定方法不当。加强对现场作业人员的技术交底，按规范要求固定止水带，防止浇注混凝土时发生位移，引起止水带破损。 （3）混凝土浇筑不当。混凝土浇捣过程中，应注意浇捣压力，防止振捣棒直接接触止水带，造成止水带破碎。
处理措施	（1）止水带不合格。对不合格或破损止水带进行更换。 （2）止水带安装过程中破损。对破损部位予以修补。 （3）安装位置偏离。对该处止水带予以拆除，重新按照规范及设计要求进行安装。

6.5.3 预埋件（孔洞）安装不满足设计要求

通病描述	预埋件（孔洞）偏位、变形、损坏、缺失。
典型照片	  问题照片　　　　　　　　标准照片

续表

原因分析	（1）未按设计要求定位，未对预埋件（孔洞）尺寸、数量复核验收。 （2）混凝土振捣时，预埋件（孔洞）位移或脱落。
规范要求	《给水排水构筑物工程施工及验收规范》（GB 50141—2008） 6.2.2 混凝土模板安装应按现行国家标准《混凝土结构工程施工质量验收规范》GB 50204 的相关规定执行，并应符合下列规定： 9 固定在模板上的预埋管、预埋件的安装必须牢固，位置准确；安装前应清除铁锈和油污，安装后应做标志。 6.2.10 采用振捣器捣实混凝土应符合下列规定： 4 浇筑预留孔洞、预埋管、预埋件及止水带等周边混凝土时，应辅以人工插捣。 6.7.7 现浇混凝土结构管渠施工应符合本规范第 6.2 节的规定和设计要求，并应符合下列规定： 10 浇筑管渠混凝土时，应经常观察模板、支架、钢筋骨架预埋件和预留孔洞，有变形或位移时，应立即修整。
标准工序	材料进场验收→施工放样→预埋件安装→模板制安→预埋件复核→混凝土浇筑。
预防措施	（1）预留孔洞定位应符合设计要求，模板安装牢固，安装完成做好保护，避免施工过程中造成预埋件的损坏或移位。 （2）混凝土在浇筑过程中，振动棒应避免与预埋件直接接触，预埋件周边应采用人工插捣，边振捣边观察预埋件，及时校正位置。
处理措施	（1）超过偏差允许值。预埋件偏差超过允许值可采用与预埋件同材质钢材焊接或化学螺栓等方式进行加固。 （2）影响功能性使用。预埋件偏差过大导致影响功能性使用时，应凿除预埋件及周边混凝土，混凝土凿除面清洗干净，重新按照规范设置预埋件，采用高一标号细石混凝土浇筑密实。

6.6 顶管

6.6.1 管道轴线偏差过大

通病描述	管道轴线与设计轴线偏差过大。

续表

典型照片	 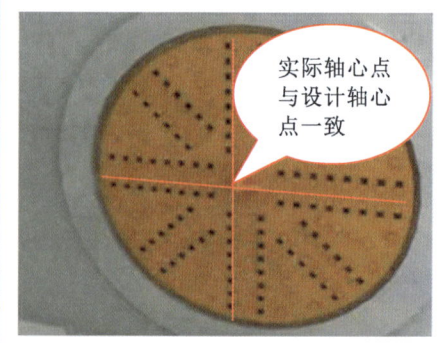 问题照片　　　　　　　　标准照片
原因分析	（1）工作井施工位置与设计井位发生偏差。 （2）轴线测量控制有误，顶进过程中未及时纠偏，造成轴线偏移过大难以纠回。 （3）顶管机开挖面不稳定、水土压力不平衡。 （4）顶管机没有正面平衡机理，开挖面的地层又是流沙等不稳定条件。 （5）顶管机操作不当导致开挖面没能处于平衡状态。 （6）地质情况突变，开挖面的稳定无法正常控制，纠偏失效。
规范要求	《给水排水管道工程施工及验收规范》（GB 50268—2008） 第6.3.7条　顶进作业应符合下列规定： 4　管道顶进过程中，应遵循"勤测量、勤纠偏、微纠偏"的原则，控制顶管机前进方向和姿态，并应根据测量结果分析偏差产生的原因和发展趋势，确定纠偏的措施。
标准工序	地下管线测量定位、放线→工作井、接收井施工→设备安装→设备调试→顶管顶进→下放管节、接管→顶管接收。
预防措施	（1）顶管施工前对管道通过地带的地质情况认真调查，通过仪器，指导纠偏。 （2）加强顶管后背施工质量的控制，确保后背不发生位移，并使后背平整，以保证顶进设备安装精度。 （3）顶进过程中随时绘制顶进曲线，以利于指导顶进纠偏工作。
处理措施	重新调整千斤顶的顶程、顶力和顶速、安装精度；加固顶管后背，保证后背平整；再次分析顶进曲线发展趋势，采取适当的纠偏量。

6.6.2 钢筋混凝土管道接口渗漏

通病描述	管道接口渗水、漏水。
典型照片	 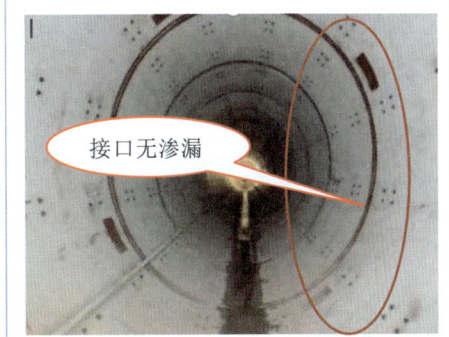 问题照片（接口渗漏）　　　标准照片（接口无渗漏）
原因分析	（1）管口质量问题。接口尺寸不符、接口变形、出现毛糙发泡现象。 （2）密封圈质量问题。 　1）密封圈尺寸不符，管节插入承口端时，密封圈受压变形产生缝隙，尺寸过大易造成密封圈挤坏或挤出。 　2）密封圈材质问题，有裂纹或瑕疵，受压情况下发生断裂。 　3）橡胶止水圈安装位置不正确或已损坏。 　4）管节对接时，密封圈未完全进入承口，或在插入的过程中发生反转。 （3）纠偏转角过大。纠偏转角过大造成管节之间折角过大，造成管节漏浆。
规范要求	《给水排水管道工程施工及验收规范》（GB 50268—2008） 　6.3.17　钢筋混凝土管曲线顶管应符合下列规定： 　3　所用的管节接口在一定角变位时应保持良好的密封性能要求，对于F型钢承口可增加钢套环承插长度；衬垫可选用无硬节松木板，其厚度应保证管节接口端面受力均匀。
标准工序	地下管线测量定位、放线→工作井、接收井施工→设备安装→设备调试→顶管顶进→下放管节、接管→顶管接收。
预防措施	（1）管节的运输、装卸、码放、安装过程中，做到吊（支）点正确，轻装轻卸，保护措施得当。 （2）认真进行接口和止水装置的选型，严格落实接口密封圈的验收制度，保证密封圈质量、尺寸。 （3）严格控制管道轴线，按技术标准和操作规程进行施工。
处理措施	可用环氧水泥砂浆或化学注浆的方式处理。

6.6.3 钢筋混凝土管节裂缝

通病描述	管节纵向和环向出现明显裂缝。
典型照片	问题照片（长条状管节开裂） / 标准照片
原因分析	（1）管材的混凝土强度等级强度不符合设计要求；管节部分端面不平直、不垂直，倾斜偏差不符合规范要求；管节顶进前已出现裂缝或管口处有蜂窝、麻面、露筋。 （2）管道中心或高程存在误差，管道摩阻力增大，管节会因顶力达到极限而压裂。 （3）顶力增大时，木衬垫过软或过硬，管节在管壁薄及接触面小的地方产生破裂。
规范要求	《给水排水管道工程施工及验收规范》（GB 50268—2008） 5.6.1 管节的规格、性能、外观质量及尺寸公差应符合国家有关标准的规定。 5.6.2 管节安装前应进行外观检查，发现裂缝、保护层脱落、空鼓、接口掉角等缺陷，应修补并经鉴定合格后方可使用。
标准工序	管节进场→管节质量检验→下放管节、接管→顶管顶进→接收。
预防措施	（1）严格执行各管节质量验收标准，验收不合格要及时退场；在管节运输过程中采取管垫等保护措施，并做到吊（支）点正确，轻装轻卸。 （2）顶进时严格控制管道轴线偏差，控制顶力在管节允许的承压范围以内；在砂砾层或卵石层顶管时，应采取管节外表面熔蜡措施、触变泥浆技术等减少顶进阻力的措施。
处理措施	（1）如果形成表面裂缝或者裂缝较小，可采用表面涂抹环氧砂浆或注浆方式修补处理。 （2）如果形成贯穿裂缝，更换新管道。

6.6.4 地面沉降过大

通病描述	在顶管机头位置出现地面沉降超标（或过大）。
典型照片	  问题照片　　　　　　　　　　标准照片
原因分析	（1）正常挖土量须控制在应挖土体的95%～100%，由于顶速、刀盘转速、机头纠偏量过大、机尾注浆不及时等，导致超挖现象发生。 （2）中继间接缝和密封不好或磨损，泥水流入管内，引起地面沉降。
规范要求	《给水排水管道工程施工及验收规范》（GB 50268—2008） 6.3.7　顶进作业应符合下列规定： 2　掘进过程中应严格量测监控，实施信息化施工，确保开挖掘进工作面的土体稳定和土（泥水）压力平衡；并控制顶进速度、挖土和出土量，减少土体扰动和地层变形。
标准工序	地下管线测量定位、放线→工作井、接收井施工→设备安装→设备调试→顶管顶进→下放管节、接管→顶管接收。
预防措施	（1）顶管施工前认识阅读地质勘察报告，土质对顶管施工有影响的地段进行加固注浆处理，在工作井和接收井的顶管进出洞口处如有地下水或流沙采取止水措施。 （2）在顶管施工过程中，顶管机操作手要严格按照顶管操作规范进行操作，防止进水压力突然增加或突然减小，严格控制进排泥量，达到泥水压力平衡。
处理措施	对顶管机头前方不稳定土层进行注浆加固。

第7章 园林绿化工程

7.1 园林建（构）筑物

7.1.1 饰面板材空鼓、不牢固、脱落

通病描述	饰面板材发生局部或大面积的空鼓或脱落。
典型照片	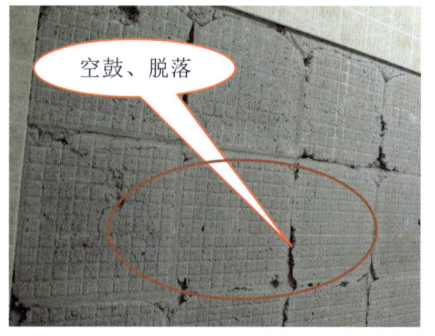  问题照片　　　　　　　标准照片
原因分析	（1）构筑物贴面装饰板材与墙、柱体砂浆面层粘合不牢，粘合层不密实、有空隙。 （2）贴面装饰板材与墙、柱体的粘合层所用材料质量不符合设计要求，以及砌体灰缝过大，砂浆收缩后形成缝隙。 （3）贴面装饰板材（如石材）表面有风化层剥落，表面有泥垢、水锈等影响石材与砂浆的粘结力。 （4）没有按照铺浆砌筑施工规范进行操作，而是采用了先铺石后灌浆，还有的采用先摆好石材再塞砂浆或干填乱碎石的方法，造成砂浆饱和度低，石材粘结不牢。 （5）砌筑砂浆凝固后，碰撞已砌筑的石材，造成脱落。 （6）构筑物立面板材形式为大块石材，采用湿贴工艺及顶端压顶密封不严，导致渗水，冬季侧面冻胀开裂。

续表

规范要求	《建筑装饰装修工程质量验收标准》（GB 50210—2018） 4.2.4 抹灰层与基层之间及各抹灰层之间应粘结牢固，抹灰层应无脱层和空鼓，面层应无爆灰和裂缝。
标准工序	基层处理→吊垂直、套方、找规矩、贴灰饼→抹底层砂浆→弹线分格→饰面板材刷防护剂→排块材→镶贴块材→表面勾缝与擦缝。
预防措施	（1）打底灰做到表面平整并划毛，每层厚不超过1cm，饰面材料粘贴前应清理干净并将表面湿润；板块经浸泡后及时取出、晾干。 （2）粘贴时严格掌握砂浆配合比，使得砂浆稠度适中。砂子的含泥量控制在允许范围内，以提高粘结强度，减少收缩。粘贴时砂浆应厚薄均匀，饱满密实。 （3）初凝后严禁调整灰缝；勾缝做到严密，防止进水、冻结，造成脱落。 （4）板材饰面施工不宜在外墙砌筑完成后紧跟着进行，需待混凝土初凝后再施工。 （5）灌好缝的板材严禁碰动，在挂贴第二板时，一定要在下层灌缝混凝土初凝之后再进行，每块板上下边固定不少于2个点。
处理措施	（1）边缘空鼓情况，将瓷砖缝隙用铲子砸开，将水泥浆灌到缝隙里，墙砖空鼓的部分会自动吸收水泥浆，直到灌满后待它凝固。 （2）空鼓面积较大时，拆掉重新铺贴。

7.1.2 饰面石材泛碱吐霜

通病描述	饰面石材泛碱吐霜，石材表面出现均匀或不均匀的白色结晶颗粒，泪痕状流挂斑，石材表面光泽暗淡。
典型照片	  问题照片　　　　　　　　　标准照片

续表

原因分析	（1）陶土砖材料空隙大且透水性好，本身烧制过程中易生成碱性成分泛出。 （2）施工时基层过湿。 （3）施工过程污染。 （4）铺贴过程中采用普通水泥湿贴。 （5）石材铺贴过程中缝隙未做好密填缝处理。
规范要求	《建筑装饰装修工程质量验收标准》（GB 50210—2018） 9.2.5 石板表面应平整、洁净、色泽一致，应无裂痕和缺陷。石板表面应无泛碱等污染。 检验方法：观察
标准工序	基层处理→吊垂直、套方、找规矩、贴灰饼→抹底层砂浆→弹线分格→饰面板材刷防护剂→排块材→镶贴块材→表面勾缝与擦缝。
预防措施	（1）石材六面防护处理。 （2）结构施工要求一步到位，保证结构干燥；防水施工严格要求。 （3）采用专业的胶泥进行施工，材料间隙用专业填缝剂进行勾缝。 （4）施工过程中避免多次用水喷淋板材。 （5）雨天搭棚作业，避免雨水冲刷渗入。 （6）采用点挂或干挂工艺。
处理措施	（1）尽快对板面全面进行防水处理，防止水分继续入侵，使泛碱不再扩大。 （2）使用石材泛碱清洗剂，对于部分天然石材表面泛碱的进行清洗。使用前，应以小样试块检验效果。

7.1.3 屋面渗漏

通病描述	屋面渗漏。
典型照片	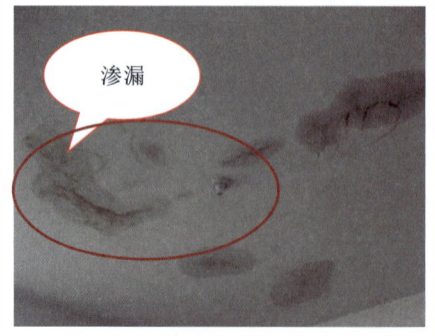  问题照片　　　　　　　标准照片

续表

原因分析	（1）屋面结构板施工不规范。 （2）防水材料不合格、细部节点施工不规范。 （3）防水基层干燥不充分。
规范要求	《屋面工程技术规范》（GB 50345—2012） 　　5.5.1　涂膜防水层的基层应坚实、平整、干净，应无孔隙、起砂和裂缝。基层的干燥程度应根据所选用的防水涂料特性确定；当采用溶剂型、热熔型和反应固化型防水涂料时，基层应干燥。 　　5.5.2　基层处理剂的施工应符合本规范第5.4.4条的规定。 　　5.5.3　双组分或多组分防水涂料应按配合比准确计量，应采用电动机具搅拌均匀，已配制的涂料应及时使用。配料时，可加入适量的缓凝剂或促凝剂调节固化时间，但不得混合已固化，的涂料。 　　5.5.4　涂膜防水层施工应符合下列规定： 　　1　防水涂料应多遍均匀涂布，涂膜总厚度应符合设计要求； 　　2　涂膜间夹铺胎体增强材料时，宜边涂布边铺胎体；胎体应铺贴平整，应排除气泡，并应与涂料粘结牢固。在胎体上涂布涂料时，应使涂料浸透胎体，并应覆盖完全，不得有胎体外露现象。最上面的涂膜厚度不应小于1.0mm； 　　3　涂膜施工应先做好细部处理，再进行大面积涂布； 　　4　屋面转角及立面的涂膜应薄涂多遍，不得流淌和堆积。 　　5.5.5　涂膜防水层施工工艺应符合下列规定： 　　1　水乳型及溶剂型防水涂料宜选用滚涂或喷涂施工； 　　2　反应固化型防水涂料宜选用刮涂或喷涂施工； 　　3　热熔型防水涂料宜选用刮涂施工； 　　4　聚合物水泥防水涂料宜选用刮涂法施工； 　　5　所有防水涂料用于细部构造时，宜选用刷涂或喷涂施工。
标准工序	测量放线→雨落管、排气管安装→保温层施工→找坡层施工→找平层施工→防水层施工→保护层施工→专项验收。
预防措施	（1）选择质量合格的防水材料，保证屋面防水寿命。 （2）选择有业绩和信誉的专业队伍进行施工，重视施工前的技术交底。 （3）加强施工过程质量三检制，防水施工过程进行管控监督。
处理措施	（1）将原有已脱离的防水材料除去，重新设置防水层，并与外墙面保温层合理连接，保证雨水不再进入墙体。 （2）采取高分子聚合物化学高压注浆堵漏法修复漏点。

7.1.4 铺面板材或混凝土砖松动冒浆

通病描述	行人在园路或铺地上行走时，出现铺面板材、混凝土砖翘动、不稳，且有雨后冒浆、溅水的现象。
典型照片	  问题照片（混凝土砖翘动、不稳）　　标准照片
原因分析	（1）铺面板材或混凝土砖与基础之间的粘结层未采用水泥砂浆，而用黄砂或石屑替代，使上下层间失去粘结性。 （2）铺设混凝土砂浆过干、过湿或已初凝，影响上下层间的粘结性；铺设时未敲振密实。 （3）铺面板材或混凝土砖的板块间的接缝处无防水功能或防水未做好，雨水下渗、冲刷，致使垫层流失、走动，造成铺面板材或混凝土砖松动冒浆。
规范要求	《园林绿化工程施工及验收规范》（CJJ 82—2012） 5.1.1　地面工程基层、面层所用材料的品种、质量、规格，各结构层纵横向坡度、厚度、标高和平整度应符合设计要求；面层与基层的结合（粘结）必须牢固，不得空鼓、松动，面层不得积水。园路的弧度应顺畅自然。
标准工序	基层清理→基层处理找平→地面弹线、定位→摊铺水泥砂浆结合层→安装标准块→拉控制线→铺贴→养护→清理灌缝→成品保护。
预防措施	（1）砂浆应做到随拌、随用、随铺，防止时间过长，避免砂浆凝结或流动性不够，以确保铺面板材或混凝土砖平整密贴，与基层良好的粘结。 （2）严格控制砂浆配比，铺设铺面板材或混凝土砖时，需坐浆敲振；施工完成后，需注意成品保护，对刚完成的园路、铺地上禁止行人或行车，达到一定强度后方可使用。 （3）基础应保证平整、密实，垫层厚度均匀，垫层材料可采用石硝，其抗冲刷性较黄砂好。
处理措施	翻掉松动的铺面板材或混凝土砖，凿去 1~2cm 的粘结层，重新铺砂浆后再铺铺面板材或混凝土砖，若采用垫层上直接铺设铺面板材或混凝土砖的，可将垫层清除或补充，整平后重铺板材或混凝土砖。

7.1.5 转角处侧缘石接缝未按弧形切割

通病描述	道路交叉或者转角处的侧缘石间的接缝，内侧缘石直接连结，缝隙很小，外侧接缝很大，大概 2cm 以上，从表面看呈"三角形"，并且缘石间的砂浆胶结不完全，表观不完整、不美观，不符合规范要求。
典型照片	  问题照片　　　　　　　　　标准照片
原因分析	（1）施工时未拉线定位或定点有误。 （2）施工时未根据现场情况进行异型加工。
规范要求	《城镇道路工程施工与质量验收规范》（CJJ 1—2008） 16.1.7　路缘石应以干硬性砂浆铺砌，砂浆应饱满、厚度均匀。路缘石砌筑应稳固、直线段顺直、曲线段圆顺、缝隙均匀；路缘石灌缝应密实，平缘石应平顺不阻水。
标准工序	施工准备→测量放样→基础模板安装→基础混凝土浇筑→侧缘石安砌→靠背模板安装→靠背混凝土浇筑→养护。
预防措施	（1）坚持拉线定位，放样施工，弯道处应坚持"多放点，反复看"的原则。 （2）先预放侧缘石，并用划笔在缘石的顶面上划出需要异型加工的切割线，角度大小视各个转角的不同而定，然后进行机械切割、安放施工。
处理措施	（1）路线大半径曲线，除严格依照已控制的道路中线量出路缘石位置控制线安装外，还要做好宏观调整后，再加固。 （2）小半径圆弧曲线要使用圆半径控制圆弧，要按路口或断口的纵横断或等高线高程控制路缘石顶高程。 （3）过小半径的圆弧曲线，为了防治长路缘石的折角和短路缘石的不稳定及勾缝的困难，应按设计圆半径加工路缘石。

7.1.6 卵石园路中鹅卵石脱落

通病描述	鹅卵石饰面的园路、铺地等，出现鹅卵石不同程度的脱落现象。
典型照片	  问题照片　　　　　　　　标准照片
原因分析	（1）砂浆铺设厚度不够，鹅卵石截面大部分显露在外部，结合力较差。 （2）鹅卵石没有清洗干净，杂质较多，使鹅卵石与砂浆层不能充分、有效地胶结。 （3）砂浆结合层的强度达不到要求，使鹅卵石与砂浆层结合力较差。
规范要求	《园林绿化工程施工及验收规范》（CJJ 82—2012） 5.1.3　卵石面层应符合下列规定： 1　卵石面层应按排水方向调坡。 2　面层铺贴前应对基础进行清理后刷素水泥砂浆一遍。 3　水泥砂浆厚度不应低于 4cm，强度等级不应低于 M10。 4　卵石的颜色搭配协调、颗粒清晰、大小均匀、石粒清洁，排列方向一致（特殊拼花要求除外）。 5　露面卵石铺设应均匀，窄面向上，无明显下沉颗粒，并达到铺设面 70% 以上，嵌入砂浆的厚度为卵石整体的 60%。
标准工序	素土夯实→碎石垫层→素混凝土垫层→砂浆结合层→卵石面层。
预防措施	（1）施工时先夯实素土层，铺设混凝土后，胶结层厚度应大于鹅卵石的粒径，放置鹅卵石时，要将鹅卵石压实至深度 70% 为宜。 （2）鹅卵石安放前应清洗干净，避免杂质影响鹅卵石与砂浆的结合力。 （3）严格按照设计要求规范施工，结合层的混凝土配比按要求进行配比。
处理措施	（1）将原来的鹅卵石位置刮干净。 （2）填补上新的砂浆，将鹅卵石再试插进去，注意一定要将 2/3 的厚度插进去。

7.1.7 检查井与周边道路路面或绿地衔接不顺

通病描述	各类检查井的井盖座有时高于周围道路路面或绿地，有时低于周围道路路面或绿地。
典型照片	  问题照片　　　　　　　　　　　标准照片 （井盖与路面标高不一）
原因分析	（1）设计未具体、详细地标明各类检查井的位置，放样时未按周围道路或绿地标高来设置其位置。 （2）各类检查井的井圈和井的安装，未按临近的路面或绿地的标高做依据，同步控制，随意性较大。 （3）检查井周围的填土未夯实，发生沉陷。
规范要求	《给水排水管道工程施工及验收规范》（GB 50268—2008） 8.5.1　井室应符合下列要求： 8　井室的允许偏差应符合表 8.5.1 的规定。 表 8.5.1　井室的允许偏差 |	检查项目		允许偏差(mm)	检查数量	检查方法
---	---	---	---	---	---
1	平面轴线位置（轴向、垂直轴向）		15	2	用钢尺量测、经纬仪测量
2	结构断面尺寸		+10.0	2	用钢尺量测
3	井室尺寸	长、宽	±20	2	用钢尺量测
		直径			
4	井口高程	农田或绿地	+20	1	用水准仪测量
		路面	与道路规定一致		
5	井底高程	开槽法管道铺设 $D \leqslant 1000$	±10	每座 2	用水准仪测量
		$D > 1000$	±15		
		不开槽法管道铺设 $D < 1500$	+10, −20		
		$D \geqslant 1500$	+20, −40		
6	踏步安装	水平及垂直间距、外露长度	±10	1	用尺量测偏差较大值
7	脚窝	高、宽、深	±10		
8	流槽宽度		+10			

续表

标准工序	井底基础→砌筑井室及井内流槽，表面应用砂浆分层压实抹光→井室收口及井内壁原浆勾缝，踏步安装→预留支管的安装与井壁衔接处理→井身二次接高至规定高程→浇注或安装井圈→井盖就位。
预防措施	（1）设计时应详细、具体标明各类检查井的位置，施工人员在放样时应按图施工，并根据现场情况使井盖与路面或绿地高度及纵横坡度的变化保持一致。 （2）各类检查井的井圈安装时，应以各类检查井所处位置的周围道路路面或绿地标高为依据，并与路面或绿地标高同步控制，不能有随意安装。 （3）检查井周围的填土应从沟槽底开始夯填密实，包括基层部分，凡不易夯实部分，可用低标号混凝土进行填筑，避免沉陷。
处理措施	（1）当检查井高出路面时，可吊移盖框，降低井壁至合适标高后，再放上盖框，并处理好周边缝隙。 （2）当检查井低于路面时，可先将盖框吊开，以合适材料调平底座，调平材料达到强度后放上盖框。

7.1.8 墙面涂料脱落

通病描述	墙面涂膜成片状脱落。
典型照片	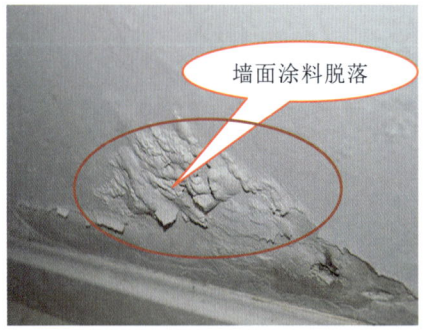  问题照片　　　　　　　标准照片
原因分析	（1）未选择质量合格的涂料，造成使用中出现脱落的现象。 （2）室内湿度高，水蒸气和墙面的涂料结合形成了湿的涂料，造成墙面慢慢开始起泡或者发霉，造成墙面掉皮。 （3）墙面或屋顶渗水造成涂料脱落。 （4）现场未按照涂料的工序，先腻子墙面找平，第二遍腻子和两遍底漆、一遍面漆施工，易出现底层松动，稍有外力就脱落。

续表

规范要求	**《建筑装饰装修工程质量验收标准》（GB 50210—2018）** 12.1.5 涂饰工程的基层处理应符合下列规定： 1 新建筑物的混凝土或抹灰基层在用腻子找平或直接涂饰涂料前应涂刷抗碱封闭底漆； 2 既有建筑墙面在用腻子找平或直接涂饰涂料前应清除疏松的旧装修层，并涂刷界面剂； 3 混凝土或抹灰基层在用溶剂型腻子找平或直接涂刷溶剂型涂料时，含水率不得大于8%；在用乳液型腻子找平或直接涂刷乳液型涂料时，含水率不得大于10%，木材基层的含水率不得大于12%； 4 找平层应平整、坚实、牢固，无粉化、起皮和裂缝；内墙找平层的粘结强度应符合现行行业标准《建筑室内用腻子》JG/T 298的规定； 5 厨房、卫生间墙面的找平层应使用耐水腻子。
标准工序	清理墙面→修补墙面→刷腻子→刷第二遍腻子→刷两遍底漆→刷一遍面漆。
预防措施	（1）根据不同使用场合及要求，选择合适的颜、填料基比。 （2）基层处理，铲处松散层，将油污、浮尘清理干净。 （3）根据墙体情况选择粘结好的腻子，找平墙体，待腻子干燥后，施涂涂料。 （4）过于光滑的表面应用界面剂处理或采取其他措施，以增强涂料的附着力，减少脱落。
处理措施	（1）脱落面积不大,用砂纸将脱落处打磨后，重新刮腻子，上完底漆后，再漆即可。 （2）脱落面积比较大，那么就需要将油漆全部刮去，整片区域都要重新进行刷漆处理。 （3）墙面或屋顶渗水引起墙面涂料脱落，需先进行渗水处理，然后重新刮腻子，上底漆、涂面漆。

7.2 园林绿化栽植工程

7.2.1 树穴不符合设计要求

通病描述	树穴规格没有根据树根系类型确定穴深和穴径，不符合设计及规范要求。

续表

典型照片	问题照片	标准照片
原因分析	施工前未根据苗木根系大小类型确定穴深和穴径。	
规范要求	《园林绿化工程施工及验收规范》（CJJ 82—2012） 4.2.4 栽植穴、槽的直径应大于土球或裸根苗木根系展幅 40～60cm，穴深宜为穴径的 3/4～4/5。穴、槽应垂直下挖，上口下底应相等。	
标准工序	定点放线→种植穴挖掘→种植土改良→种植→支撑→浇水。	
预防措施	应根据树根系类型确定穴深和穴径，开挖前按要求进行放样定位。	
处理措施	重新修整树穴，保证大小及深度符合设计及规范要求。	

7.2.2 种植土板结

通病描述	土壤表层因缺乏有机质，结构不良，干燥后受内聚力作用使土壤表面变硬，不适于植被生长。

问题照片

标准照片

续表

原因分析	（1）植物栽植土缺少有机肥。 （2）有益微生物的投入不足。
规范要求	《园林绿化工程施工及验收规范》（CJJ 82—2012） 4.1.3　园林植物栽植土应包括客土、原土利用、栽植基质等，栽植土应符合下列要求： 1　土壤pH值应符合本地区栽植土标准或按pH值5.6～8.0进行选择。 2　土壤全盐含量应为0.1%～0.3%。 3　土壤容重应为1.0g/cm³～1.35g/cm³。 4　土壤有机质含量不应小于1.5%。 5　土壤块径不应大于5cm。 6　栽植土应见证取样，经有资质检测单位检测并在栽植前取得符合要求的测试结果。
标准工序	放线→清理绿化用地→换种植土→喷灌系统安装→粗平→水压→粗平→细平。
预防措施	（1）采用客土法和增施有机肥的措施，施入有机肥，秸秆还田后降低土壤质量，改善土壤孔隙度。 （2）增施微生物菌剂，提高有机质含量，活化板结土壤中被固定的养分，防治土传病害。
处理措施	（1）增施有机肥。 （2）增施微生物菌剂，加大有益微生物的投入。 （3）适当施用土壤改良剂。

7.2.3　种植的苗木歪斜

通病描述	苗木种植不久，植株出现倾斜现象。
典型照片	  问题照片　　　　　　　标准照片

续表

原因分析	（1）树根埋深不够，树木不稳。 （2）外力作用，如风力对树木长期的作用。 （3）苗木支撑不符合规范要求，绑扎固定不够牢靠。
规范要求	《园林绿化工程施工及验收规范》（CJJ 82—2012） 4.6.1　树木栽植应符合下列规定： 6　除特殊景观树外，树木栽植应保持直立，不得倾斜。
标准工序	苗木准备→平衡修剪→药剂处理→挖掘运输→树穴开挖→栽植→浇底水→绑扎固定→养护。
预防措施	（1）使用扁担撑、十字撑、三角撑、井字撑等方法对种植的苗木进行支撑。 （2）挖种植穴、槽的大小、深度，应根据苗木根系、土球直径和土壤情况而定，需符合规定。
处理措施	（1）歪斜程度不大时，将苗木扶正并加以固定。 （2）歪斜较严重时，应重新按要求种植，并绑扎固定。

7.2.4　坡地水土流失

通病描述	坡地表土冲刷流失，污染路面、水系。
典型照片	  问题照片　　　　　　　　　标准照片
原因分析	（1）水土保持措施不到位。施工期间裸露部位未做好水土保持措施，雨水冲刷形成冲沟。 （2）未及时进行复绿。降雨产生水土流失，对地表形成冲刷；植被缺失，土壤表层缺少内聚力。

续表

规范要求	《园林绿化工程施工及验收规范》(CJJ 82—2012) 4.13.1　土壤坡面、岩土坡面、混凝土覆盖面的坡面等，进行绿化栽植时，应有防止水土流失的措施。
标准工序	测量定位→开挖→栽植→养护
预防措施	（1）边坡开挖后及时采取覆盖，做好绿化措施。 （2）在坡地与道路、水系交接处应设置排水明沟或暗沟等水土保持措施，以防雨季地表水流直接冲向路面和水体。
处理措施	重新修整边坡，做好水土保持措施或复绿措施。

7.2.5　草坪表面不平整，雨后有积水

通病描述	雨后在草坪局部区域有积水现象。
典型照片	问题照片（局部积水）　　标准照片
原因分析	（1）未按设计要求进行场地平整，场地面凹凸不平。 （2）草皮铺设前，铺设区域表层土未做好细平整，铺设后形成一些低洼地，雨后或浇水后易造成积水。 （3）排水设施阻塞。
规范要求	《园林绿化工程施工及验收规范》(CJJ 82—2012) 4.1.4　绿化栽植前场地清理应符合下列规定： 4　场地标高及清理程度应符合设计及栽植要求。 5　填垫范围内不应有坑洼、积水。 6　对软泥和不透水层应进行处理。

续表

规范要求	4.1.6　栽植土施肥和表层整理应符合下列规定： 2　栽植土表层整理应按下列方式进行： 4）栽植土表层整地后应平整略有坡度，当无设计要求时，其坡度宜为 0.3%～0.5%。
标准工序	场地平整→土壤改良→排、灌水设置→铺栽草皮→浇水养护。
预防措施	（1）草皮铺设前，复测场地平整度，检查排水措施，确保符合设计要求。 （2）植生带草皮在铺设后应充分浇水、滚压，在新根扎实前不可践踏，避免出现坑洼地而造成积水。 （3）面积较大的草坪应有排水设施。
处理措施	（1）按设计坡度进行平整。 （2）再次铺种时，应采用拉线，保持草坪的平、整、齐。

7.3　园林照明

7.3.1　灯具底座外露螺栓生锈

通病描述	灯具底座基础外露，外露螺栓生锈。
典型照片	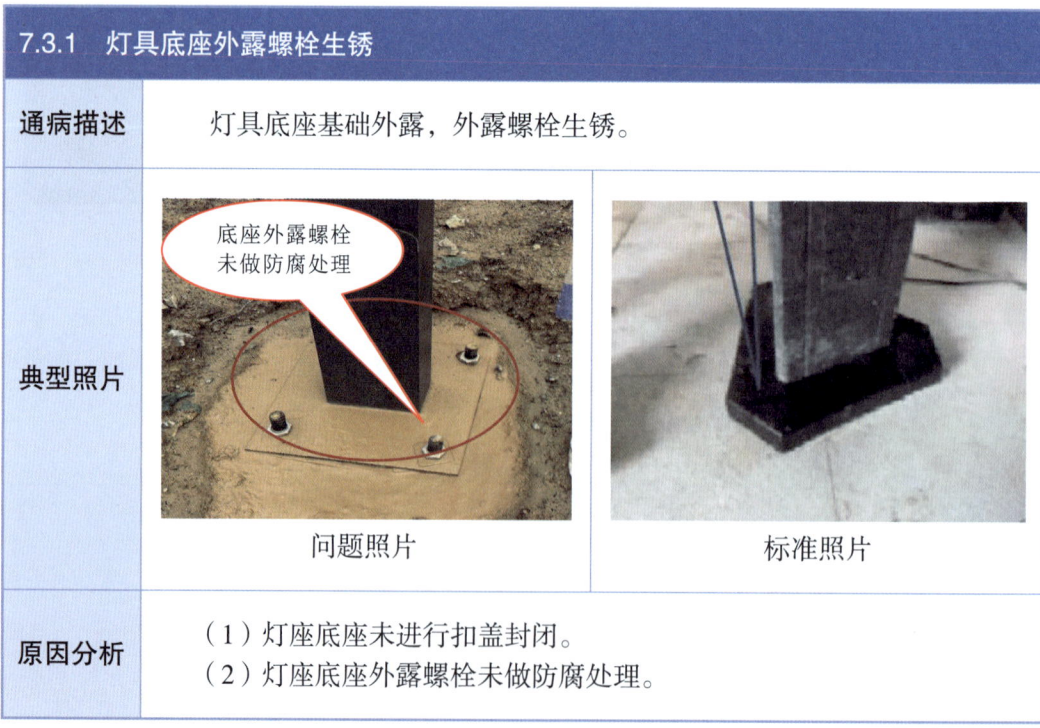 问题照片　　　　　标准照片
原因分析	（1）灯座底座未进行扣盖封闭。 （2）灯座底座外露螺栓未做防腐处理。

续表

规范要求	《景观照明工程施工及验收规程》（DB34/T 3458—2019） 7.1.1　在灯具安装前，应有建设单位主持，监理单位、施工单位和设计单位参加，对灯具进行试装，确定安装方式、照明方式符合设计和招标要求后方可正式施工。 7.1.5　在混凝土结构上严禁使用木楔、尼龙塞或塑料塞安装固定电气装置，应使用适配的不锈钢或热浸（镀）锌金属螺栓及附件固定。 7.1.9　露天安装的灯具及其附件、紧固件、底座和与其相连的保护管、接线盒等应有防腐蚀和防水措施。 8.5.7　接地体（线）及接地卡子、螺栓等金属件必须热浸（镀）锌、焊接处应做防腐处理，在有腐蚀性的土壤中，应加大接地体（线）的截面积。
标准工序	测量、放线→开挖电缆沟→电缆管线预埋→灯座定位处理→沟槽回填→灯具安装→灯具测试→灯具防护处理。
预防措施	（1）灯座底座应增加扣盖封闭。 （2）灯具基础应隐蔽在灯座底座内，不允许有灯具基础外露。 （3）灯座底座外露螺栓必须做完整的防腐处理，外露螺栓部分最好涂覆聚硫防腐密封胶，效果最佳，无腐蚀点，无锈点。
处理措施	（1）基础重新按设计标高和尺寸进行开挖，按规范进行施工和安装。 （2）用除锈剂除锈，再涂上防腐涂层。

7.3.2　接地极电阻率不符合规范要求

通病描述	接地极电阻率不符合规范要求。
典型照片	  问题照片　　　　　　　　标准照片

续表

原因分析	（1）所选接地体材料，土的接触面积较小，电阻率不符合规范要求。 （2）铺设完成后未测接地电阻率。如电阻率过大应及时增加接地体数量。 （3）人工接地体的埋设深度以顶部距离地面大于0.6m为宜，如埋设深度不够，接地体周围是浮土，与土壤的接触不紧密会造成电阻率不符合要求。
规范要求	《电气接地工程用材料及连接件》（DL/T 1342—2014） 6.5.2.3 电阻率 不锈钢接地材料的电阻率应符合表10规定。 表10　不锈钢接地材料的电阻率及相对导电率（20℃）规定 | 型号	电阻率ρ_{20}（不大于）×$10^{-8}\Omega \cdot m$	相对导电率（不小于）% | |---|---|---|
SXXX	71.84	2.4	
标准工序	测量放线定位→基础开挖→支模板→浇筑混凝土→拆模→养护。
预防措施	（1）园林照明电气设施的接地装置、接地材料、接地连接、接地极电阻等的选择、设置和施工，均应符合设计和规范的要求。 （2）低压电气装置外露导电部分，应通过电源的PE线接至装置内设的PE排接地。 （3）电气装置的系统接地、保护接地及建筑物的防雷接地等采用同一接地装置，接地装置的接地电阻值应符合其中最小值的要求。 （4）电气装置应设专用接地螺栓，防松装置应齐全，且有标识，接地线不得采用串接方式。 （5）接地线穿过墙、地面、楼板等处时，应有足够坚固的保护措施。
处理措施	重新检查，接地装置、接地材料、接地连接、接地电阻等是否符合规范和设计要求。如不满足，按规范重新整改。

第8章 水工金属结构与机电安装工程

8.1 水工金属结构

8.1.1 闸门外观质量不满足质量要求

通病描述	（1）板材表面有裂纹、凹坑等现象。 （2）铸件表面出现砂孔、蜂窝、裂纹等现象。 （3）板材有夹层。
典型照片	 问题照片  标准照片
原因分析	质检人员未按规定对购进的材料进行严格检查、检测。质量控制措施不到位，未落实质量体系相关质量行为。
规范要求	《水利水电工程单元工程施工质量验收评定标准——水工金属结构安装工程》（SL 635—2012） 5.1.4 平面闸门埋件单元工程安装质量验收评定时，应提交埋件的安装图样、安装记录、埋件焊接与表面防腐蚀记录、重大缺陷处理记录等资料。

续表

规范要求	《水闸施工规范》（SL 27—2014） 11.1.1 闸门、埋件安装前应具备系列技术资料： 1 出厂验收资料。 2 制造图纸、安装图纸和技术文件，产品使用和维护说明书。 3 产品发货清单。 4 现场到货交接清单。 11.1.2 闸门安装所使用的测量工具和仪器，应经计量部门检定。 11.1.3 闸门应按合同要求检查合格后方可出厂。
标准工序	检查闸门出厂验收资料→检定测量工具和仪器→进场外购件验收。
预防措施	加强质检人员的质量意识，加强质量检测工作；认真做好金属材料和外购件的验收和检测。
处理措施	产品材料质量本身问题，直接退回供应厂家，更换合格产品进场。

8.1.2 水工金属结构焊接质量不符合规范要求

通病描述	（1）焊缝出现咬边、裂纹、夹渣及气孔等超标缺陷。 （2）工地焊缝质量问题多于工厂焊缝。
典型照片	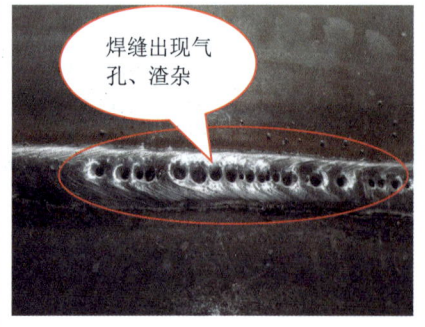 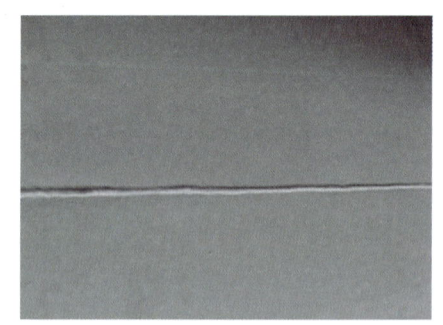 问题照片　　　　　　　　标准照片
原因分析	（1）焊接作业准备不够；焊接时，电流过大或过小。 （2）焊条存储不当，焊条受潮继续使用。 （3）焊接前母材焊接区域存在水分，未清理干净。 （4）焊缝较宽时违规填塞钢筋、钢条等杂物。

续表

规范要求	《水利水电工程单元工程施工质量验收评定标准——水工金属结构安装工程》（SL 635—2012）

4.4.3 水工金属结构表面防腐蚀质量标准见表4.4.3。

表4.4.3　　　　水工金属结构表面防腐蚀质量标准

项次		检验项目	质量标准		检验方法	检验数量
			合格	优良		
主控项目	1	钢管表面清除	管壁临时支撑割除，焊疤清除干净	管壁临时支撑割除，焊疤清除干净并磨光	目测检查	全表面
	2	钢管局部凹坑焊补	凡凹坑深度大于板厚10%或大于2.0mm应焊补	凡凹坑深度大于板厚10%或大于2.0mm应焊补并磨光		
	3	灌浆孔堵焊	堵焊后表面平整，无渗水现象		检查（或5倍放大镜检查）	全部灌浆孔
一般项目	1	表面预处理	明管内外壁和埋管内壁压缩空气喷砂或喷丸除锈，除锈清洁度等级应达到GB 8923中规定的$Sa2\frac{1}{2}$级；表面粗超度对非厚浆型涂料应达到Rz40~Rz70μm，对厚浆型涂料及金属热喷涂为Rz60~Rz100μm。埋管外壁经喷射或抛射除锈后，采用改性水泥浆防腐蚀除锈等级不低于Sa1级		清洁度按GB 8923照片对比；粗糙度用触针式轮廓仪测量或比较样板目测评定	每2m²表面至少要有1个评定点。触针式轮廓仪在40mm长度范围内测5点，取其算术平均值；比较样块法每一评定点面积不小于50mm²
	2	涂料涂装	外观检查	表面光滑、颜色均匀一致，无皱纹、气泡、流挂、针孔、裂纹、漏涂等缺欠	目测检查	安装焊缝两侧
			涂层厚度	85%以上的局部厚度应达到设计文件规定厚度，漆膜最小局部厚度应不低于设计文件规定厚度的85%	测厚仪	平整表面，每10m²表面应不少于3个测点；结构复杂、面积较小的表面，每2m²表面应不少于1个测点；单节钢管在两端和中间的圆周上每隔1.5m测1个点
			针孔	厚浆型涂料，按规定的电压值检测针孔，发现针孔，用砂纸或弹性砂轮片打磨后补涂	针孔检测仪	侧重在安装环缝两侧检测，每个区域5个测点，探测距离300mm左右

续表

规范要求	《水工金属结构焊接通用技术条件》（SL 36—2016） 6　焊接 6.1　基本要求 6.1.1　焊接施工现场环境应符合职业健康和安全生产的规定。 6.1.2　应对施工现场环境进行监测，出现下列任一情况时，应采取防护措施，方可焊接： 　　a）雨雪环境露天施焊，相对湿度大于90%。 　　b）气体保护电弧焊时风速大于2m/s；焊条电弧焊和埋弧焊时风速大于8m/s。 　　c）环境温度低于-20℃。 6.1.3　焊工和焊接操作工应按照焊接工艺规程（WPS）施焊。 6.1.4　焊接过程中应控制道间温度的下限不低于预热温度。碳素结构钢的道间温度的上限不应高于230℃，低合金高强度结构钢的道间温度的上限不应高于200℃。 6.1.5　有预热要求的焊件，每条焊缝应一次焊完。当中断焊接时，应及时采取保温、缓冷等措施。重新施焊时，应按规定进行预热。 6.1.6　应在引弧板或坡口内引弧，严禁在非焊接部位的母材上引弧、试电流。防止地线、电缆线、焊钳与焊件打弧擦伤母材。 6.1.7　设计要求焊透的焊缝，应优先采用背面清根的双面焊。当背面不易清根时，应按4.5的要求进行焊接工艺评定试验，并按照焊接工艺规程（WPS）施焊，以保证接头性能满足设计要求。 6.1.8　采用锤击法消除焊接残余应力时。不应锤击第一层焊缝和盖面层焊缝及母材。 6.1.9　焊接多层多道焊缝时，应将每道焊缝的熔渣和飞溅清理干净，各层各道间的焊缝接头应至少错开30mm。
标准工序	焊接的两节金属结构件需对装准确平顺→对装完后进行偶数倍的焊工对称焊接→在焊接过程中实施变形监控→对焊缝进行检查→如焊缝出现裂纹→打磨出金属光泽→进行两端各加长5cm补焊→打磨平整。
预防措施	（1）规范焊接工艺流程。制定严格、有效的焊接工艺。 （2）调节好设备运行状态。焊接台车及焊机在使用前必须调试到良好状态。 （3）必备的使用材料。使用达到工艺要求的合格焊条、焊丝。 （4）焊工人员持证上岗。严格把关焊工人员持证情况，不持证不上岗。 （5）加强设备监造工作。
处理措施	采用砂轮打磨或碳弧气刨，清除裂缝及两端各50mm长的完好焊缝或母材，清洁待修复区域表面，重新进行补焊。

8.1.3 水工金属结构防腐质量不符合规范要求

通病描述	（1）表面预处理不合格，防腐厚度不足，出现防腐涂层脱落、生锈等质量不合格现象。 （2）表面出现气泡、回黏、流挂、局部脱落、粘结力不足。 （3）现场焊接部位防腐不符合设计要求。
典型照片	  问题照片　　　　　　　　标准照片（防腐涂层脱落、生锈）
原因分析	（1）原材料不合格。除锈设备和防腐材料不满足设计要求。 （2）施工人员操作不符合工艺要求。防腐涂层厚度、涂刷次数不满足设计要求，未按工艺要求进行防腐作业。 （3）施工环境不满足规定要求。金属结构件表面未进行清除干净，施工周边环境不满足要求。 （4）实施完毕后成品保护不到位。防腐涂层实施后，保护不到位，导致涂层破坏。
规范要求	《水利水电工程单元工程施工质量验收评定标准——水工金属结构安装工程》（SL 635—2012） 4.4.3　水工金属结构表面防腐蚀质量标准见表4.4.3。 表4.4.3　　水工金属结构表面防腐蚀质量标准 | 项次	检验项目	质量标准 合格	质量标准 优良	检验方法	检验数量
---	---	---	---	---	---
主控项目 1	钢管表面清除	管壁临时支撑割除，焊疤清除干净	管壁临时支撑割除，焊疤清除干净并磨光	目测检查	全表面
主控项目 2	钢管局部凹坑焊补	凡凹坑深度大于板厚10%或大于2.0mm应焊补	凡凹坑深度大于板厚10%或大于2.0mm应焊补并磨光			

续表

	项次	检验项目	质量标准		检验方法	检验数量
			合格	优良		
规范要求	主控项目 3	灌浆孔堵焊	堵焊后表面平整，无渗水现象		检查（或5倍放大镜检查）	全部灌浆孔
	一般项目 1	表面预处理	明管内外壁和埋管内壁压缩空气喷砂或喷丸除锈，除锈清洁度等级应达到GB 8923中规定的Sa2$\frac{1}{2}$级；表面粗超度对非厚浆型涂料应达到Rz40~Rz70μm，对厚浆型涂料及金属热喷涂为Rz60~Rz100μm。埋管外壁经喷射或抛射除锈后，采用改性水泥浆防腐蚀除锈等级不低于Sa1级		清洁度按GB 8923照片对比；粗糙度用触针式轮廓仪测量或比较样板目测评定	每2m²表面至少要有1个评定点。触针式轮廓仪在40mm长度范围内测五点，取其算术平均值；比较样块法每一评定点面积不小于50mm²
	一般项目 2	外观检查	表面光滑、颜色均匀一致，无皱纹、气泡、流挂、针孔、裂纹、漏涂等缺欠		目测检查	安装焊缝两侧
		涂层厚度	85%以上的局部厚度应达到设计文件规定厚度，漆膜最小局部厚度应不低于设计文件规定厚度的85%		测厚仪	平整表面，每10m²表面应不少于3个测点；结构复杂、面积较小的表面，每2m²表面应不少于1个测点；单节钢管在两端和中间的圆周上每隔1.5m测1个点
		针孔	厚浆型涂料，按规定的电压值检测针孔，发现针孔，用砂纸或弹性砂轮片打磨后补涂		针孔检测仪	侧重在安装环缝两侧检测，每个区域5个测点，探测距离300mm左右
标准工序			表面预处理粗糙度到达标准→防腐面清理干净→喷漆→油漆干透后喷下道油漆→多遍喷涂达到设计油漆厚度。			
预防措施			（1）制定达到防腐工艺水平的具体措施。通过实验确定工艺参数，并向操作人员进行技术交底，及时检测防腐材料和粘结力并记录。 （2）严格规范施工人员的施工工艺。加强施工人员的质量意识教育，严格执行操作工艺。			

续表

预防措施	（3）控制好施工环境。改善施工环境条件，在环境达标的条件下进行施工。 （4）加大检测力度。加强对防腐质量的检测。
处理措施	采用喷砂将缺陷部位及其周边位置的防腐涂层打磨掉，再用清洗液把灰尘抹干净，重新进行防腐涂层施工。

8.1.4　平板闸门漏水超标

通病描述	闸门入槽无水检查时透光，有水检查时漏水量超标。
典型照片	  问题照片　　　　　　标准照片
原因分析	（1）闸门埋件安装精度不达标。埋件安装结构发生变形，表面扭曲，工作表面组合处错位，安装精度不达标。 （2）止水条损坏。止水橡皮质量差、老化、止水条损坏等；止水橡皮安装不平整，扭曲。 （3）平板闸门止水平面度及支撑平面度不满足要求。
规范要求	《水利水电工程单元工程施工质量验收评定标准——水工金属结构安装工程》（SL 635—2012） 6.2.2　平面闸门门体安装质量标准见表6.2.2 表6.2.2　　　平面闸门门体安装质量标准　　　单位：mm

部位	项次	检验项目	质量标准		检验方法	检验数量
			合格	优良		
反向滑块	主控项目1	反向支承装置至正向支撑装置的距离（反向支承装置自由状态）	±2.0	+2.0 −1.0	钢丝线、钢板尺、水准仪、经纬仪	通过反向支承装置踏面、正向支承装置踏面拉钢丝线测量

续表

部位	项次	检验项目	质量标准		检验方法	检验数量
			合格	优良		
规范要求 焊缝对口错边	主控项目 1	焊缝对口错边（任意板厚δ）	≤10%δ，且不大于2.0	≤5%δ，且不大于2.0	钢板尺或焊接检验规	沿焊缝全长测量
表面清除和凹坑焊补	一般项目 1	门体表面清除	焊疤清除干净	焊疤清除干净并磨光	钢板尺	全部表面
	一般项目 2	门体局部凹坑焊补	凡凹坑深度大于板厚10%或大于2.0mm应焊补	凡凹坑深度大于板厚10%或大于2.0mm应焊补并磨光		
止水橡皮	主控项目 1	止水橡皮顶面平度	2.0		钢丝线、钢板尺、水准仪、经纬仪	通过止水橡皮顶面拉线测量，每0.5m测1个点
	主控项目 2	止水橡皮与滚轮或滑道面距离	±1.5	±1.0	钢丝线、钢板尺、水准仪、经纬仪	通过滚轮顶面或通过滑道面（每段滑道至少在两端各测1个点）拉线测量
	一般项目 1	两侧止水中心距离和顶止水中心至底止水底缘距离	±3.0		钢丝线、钢板尺、水准仪、经纬仪、全站仪	每米测1个点
	一般项目 2	止水橡皮实际压缩量和设计压缩量之差	+2.0 −1.0		钢尺	每米测1个点

《水闸施工规范》（SL 27—2014）

11.1.2　闸门安装所使用的测量工具和仪器，应经计量部门检定。

11.1.3　闸门应按合同要求检查合格后，方可出厂。分节闸门宜在分节处设置定位板（块），分节处打上标记后分解并进行编号。门体在吊运过程中应采取保护措施，防止构件变形和加工面损伤。运到现场后，应对门体做单节或整体复测。

11.1.5　闸门安装前，门槽、底坎等应清理干净，止水座板及轨道面不应有水泥渣、油污、焊疤、凹坑等。

续表

标准工序	安装水封时先检查门槽表面是否光滑平整，清理门槽上附着的异物→安装水封时先将水封平整→调整水封的 P 头（或平板止水边）直线度→水封之间的接头采用 45°对接。
预防措施	（1）拼装到位。闸门安装前，按精度要求对闸门进行整体拼装。 （2）更换止水条。严格按规范要求进行检查，发现止水条有问题，立即更换。
处理措施	（1）对预埋件进行处理，确保满足闸门安装精度要求。 （2）对闸门金属结构进行检查，确保闸门精度满足设计要求。 （3）拆除原止水橡皮，重新安装。

8.1.5 闸门、拦污栅等埋件安装精度不符合要求

通病描述	（1）闸门、拦污栅埋件安装精度不符合要求，埋件偏位。 （2）混凝土回填不密实，造成结构发生变形、位移、裂纹。
典型照片	  问题照片　　　　　　　　标准照片
原因分析	（1）安装工艺不符合要求。施工人员安装工艺达不到设计要求，安装完后未进行精度测量。 （2）加固不牢靠。未按规定工艺或环境要求施焊，加固不牢靠，埋件安装结构发生变形。 （3）混凝土浇筑不规范。二期混凝土浇筑，未按设计要求进行施工或检测。
规范要求	《水利水电工程单元工程施工质量验收评定标准——水工金属结构安装工程》（SL 635—2012） 5.1.2 平面闸门埋件的安装及检查等技术要求应符合 GB/T 14173 和设计文件的规定。 11.2.2 活动式拦污栅安装质量标准见表 11.2.2。

续表

表11.2.2 活动式拦污栅安装质量标准 单位：mm

部位	项次		检验项目	质量标准		检验方法	检验数量
				合格	优良		
埋件	主控项目	1	主轨对栅槽中心线	+3.0 -2.0	+3.0 -2.0	钢丝线、垂球、钢板尺、水准仪、全站仪	每米至少测1个点
		2	反轨对栅槽中心线	+5.0 -2.0	+5.0 -2.0		
	一般项目	1	底槛里程	±5.0	±4.0		两端各测1个点，中间测1~3个点
		2	底槛高程	±5.0	±4.0		
		3	底槛对孔口中心线	±5.0	±4.0		—
		4	主、反轨对孔口中心线	±5.0	±4.0		每米至少测1个点
		5	底槛工作面一端对另一端的高差	3.0	2.0		—
		6	倾斜设置的拦污栅倾斜角度	±10′	±10′		—

规范要求	（见上表）
标准工序	在一期混凝土钢筋安装时按图纸的要求进行预埋→浇筑混凝土前复核埋件位置（如与图纸不符则调整至符合）→浇筑一期混凝土→复核埋件位置→如与图纸不符则调整→浇筑二期混凝土。
预防措施	（1）按设计图纸要求预埋。预埋件需严格执行工艺要求和环境要求，合理施焊。 （2）控制混凝土标号。预埋件安装按设计工艺浇筑二期混凝土，且强度达到设计要求。 （3）加强复检。加强测量、检查，进行二期混凝土浇筑后的埋件位置与尺寸复测。
处理措施	（1）简单调整。若变形、位移程度小，可采用机械敲打调整进行复位处理。 （2）重新埋设。若变形、位移程度大，则需拆除原有埋件，在设计位置打孔植筋重新安装埋件。 （3）重新灌注混凝土。混凝土回填不密实处，凿出表面混凝土露出钢筋，用高强度砂浆补强定位。

8.1.6 双吊点启闭设备左右两侧不同步

通病描述	双吊点启闭设备左右两侧不同步。
典型照片	  问题照片（双吊点启闭机左右失衡）　　标准照片
原因分析	（1）埋件安装精度达不到要求。安装工艺不符合规范要求，埋件安装精度不达标。 （2）埋件变形严重，卡阻。因埋件制作、运输、安装固定造成埋件变形，引起卡阻。 （3）启闭机自动纠偏装置失效。闸门启闭机设备自动纠偏装置调试不合格或失效，造成两侧不同步。
规范要求	《水利水电工程启闭机制造安装及验收规范》（SL 381—2007） 5.2.2.4　检查启闭机平台，其高程偏差不应超过 ±5mm，水平偏差不应大于 0.5/100。 5.2.2.5　启闭机的安装应根据起吊中心线找正，其纵、横向中心线偏差不应超过 ±3mm。 《水利水电工程单元工程施工质量验收评定标准——水工金属结构安装工程》（SL 635—2012） 12.1.2　启闭机轨道安装技术要求应符合 SL 381 的规定。 12.1.3　钢轨如有弯曲、歪扭等变形，应予矫形，但不应采用火焰法矫形，不合格的钢轨不应安装。 12.1.4　轨道基础螺栓对轨道中心线距离偏差不应超过 ±2.0mm，拧紧螺母后，螺栓应露出螺母，其露出的长度宜为 2~5 个螺距。 12.1.5　两平行轨道接头的位置应错开，其错开距离不应等于启闭机前后车轮的轮距。

标准工序	将闸门吊装到位，并置于止水工作状态→将启闭设备吊到安装平台，初步找正安装位置→手动操作启闭设备，能顺利升降无卡阻时，将启闭设备与闸板门连接牢固→提升闸门，当闸门升降灵活无卡阻时固定启闭机→启闭机与闸门连接完成，经试车合格方可交付使用。
预防措施	（1）按设计图纸要求施工。严格按设计图纸要求进行预埋、施工，同时预埋件需严格执行工艺要求和环境要求，安装完后每一步进行精度测量。 （2）过程质量控制。对于安装过程的每一步产品质量和安装，进行严格检测，有问题和安装不到位，及时纠正和整改完成。 （3）调试过程控制。安装完毕进行随机调试，发现问题时，按安装流程重新调整，务必做好全程质量控制。
处理措施	（1）停机手动纠偏。发现双吊点不同步时立即停机，拆掉机械同步轴，手动调节纠偏。 （2）增加同步装置。在启闭设备安装前配套增加一套电气同步装置，实现在启闭机运行过程中自动调整控制双吊点同步。

8.2 机电设备产品与安装质量

8.2.1 启闭机故障

通病描述	启闭机配套电机、电气元件出现故障。
典型照片	  问题照片　　　　　　　标准照片
原因分析	（1）安装、调试不当。配套电机、电气元件安装调试过程发生接线有误、调试不当现象，引起故障。 （2）维护保养不当。调试或试运行过程中，对启闭机设备未进行必要的维护保养或维护保养不当，造成设备故障。

续表

规范要求	**《水利水电工程启闭机设计规范》（SL 41—2018）** 9.1.3 启闭机电气设备应根据运行要求和环境条件选择。寒冷地区宜设置电加热或其他保护措施，湿热地区宜选用湿热带型产品或采取驱潮措施，高海拔地区电气设备选择时应进行海拔修正。 **《水利水电工程单元工程施工质量验收评定标准——水工金属结构安装工程》（SL 635—2012）** 15.1.2 固定卷扬式启闭机出厂前，应进行整体组装和空载模拟试验，有条件的应作额定载荷试验，经检验合格后，方可出厂。 15.1.3 固定卷扬式启闭机进场后，应按订货合同检查其产品合格证、随机构配件、专用工具及完整的技术文件等。 15.1.4 固定卷扬式启闭机安装工程由启闭机位置、制动器安装、电气设备安装等部分组成，其安装技术要求应符合 SL 381 的规定，其中电气设备安装应符合 SL 638 有关规定。 15.3.2 固定卷扬式启闭机试运行质量标准见表 15.3.2。 表 15.3.2　　　固定卷扬式启闭机试运行质量标准见表 | 序号	检验项目		质量标准
---	---	---	---
1	电气设备试验	全部接线	符合图样规定
2		线路的绝缘电阻	>0.5MΩ
3		试验中各电动机和电器元件温升	不超过各自的允许值
4	无载荷试验（全行程往返3次）	电动机	三相电流不平衡不超过10%
5		电气设备	无异常发热现象
6		主令开关	启闭机运行到行程的上下极限位置，主令开关能发出信号并自动切断电源，使启闭机停止运转
7		机械部件	无冲击声及其他异常声音，钢丝绳在任何部位不与其他部件相摩擦
8		制动闸瓦	松闸时全部打开，闸瓦与制动轮间隙符合 0.5~1.0mm 的要求
9		快速闸门启闭机	利用直流松闸时，松闸直流电流值不大于名义最大电流值，松闸持续2min时电磁线圈的温度不大于100℃
10		轴承和齿轮	润滑良好，轴承温度不超过65℃	

续表

续表

	序号	检验项目		质量标准
规范要求	11	载荷试验（带闸门在设计水头工况下运行）	电动机	三相电流不平衡度不超过10%
	12		电气设备	无异常发热现象，所有保护装置和信号准确可靠
	13		机械部分	无冲击声，开式齿轮啮合状态满足要求
	14		制动器	无打滑、无焦味和冒烟现象
	15		机构各部分	无破裂、永久变形、连接松动或破坏
	16		快速闸门启闭机	快速闭门时间	不超过设计值，闸门接近底槛的最大速度不超过5m/min
	17			电动机或调速器	最大转速一般不超过电动机额定转速的2倍
	18			离心式调速器的摩擦面最高温度	≤200℃

标准工序	设备供应厂家资质审核→设备进场前检验，查验产品合格证→安装前设备自身试验→设备安装→安装后整体试验。
预防措施	（1）更换。对于不符合设计要求的产品，应立即退货，并更换合格产品。 （2）技术交底要仔细。安装调试人员要认真仔细熟悉设计和设备的产品要求，争取调试工程一步到位。 （3）调试工程注意环节。安装调试工程中，可能仍有不少问题发生，需认真仔细地进行，保护好设备。
处理措施	（1）检查修复。检查电动机和电气元件损坏情况，损坏情况较小应及时修复。 （2）更换。损坏严重的需更换故障电机和电气元件。

8.2.2 液压启闭机油管管路安装偏差过大

通病描述	液压启闭机油管管路安装偏差过大。

机电设备产品与安装质量 8.2

续表

典型照片	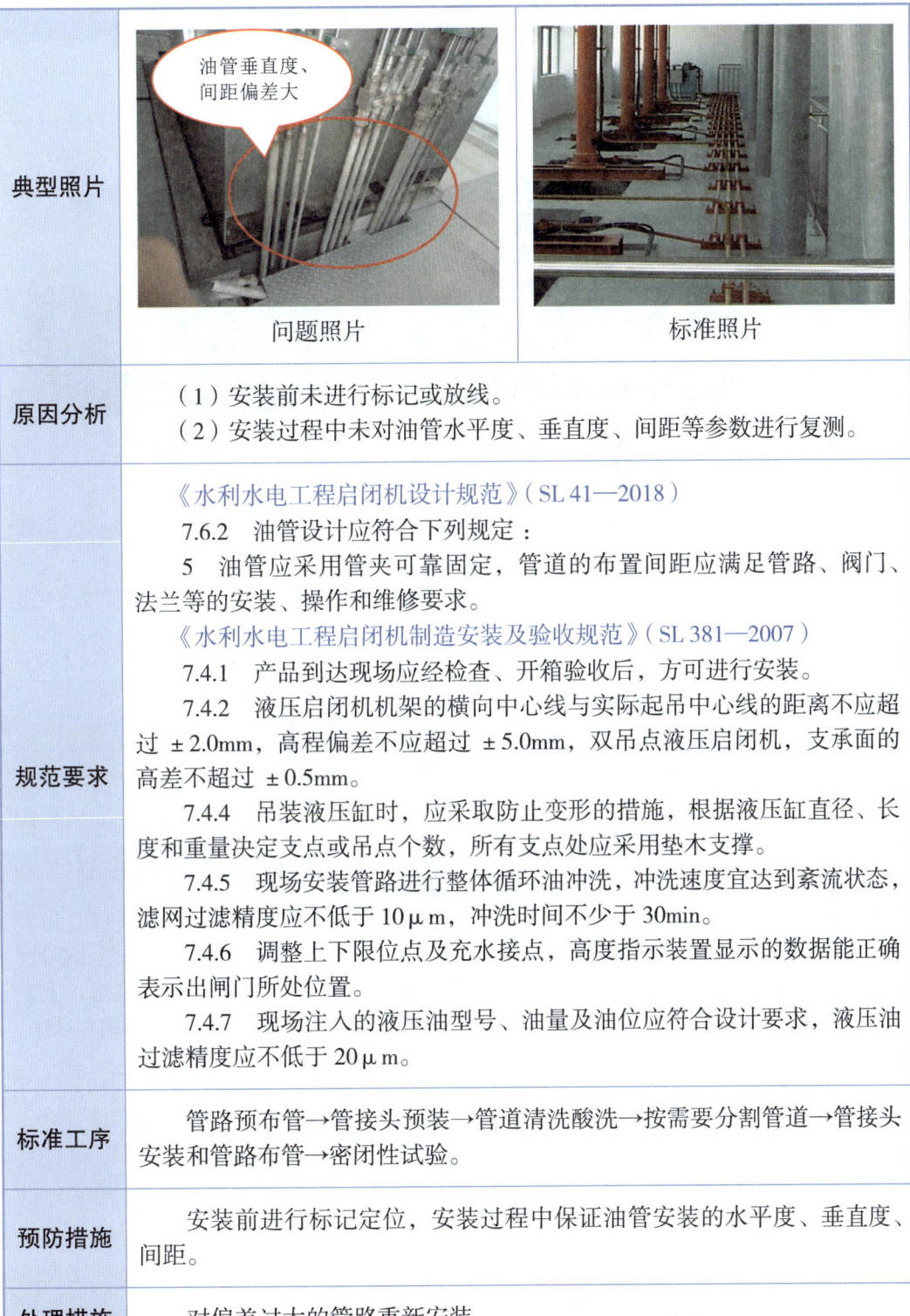 问题照片（油管垂直度、间距偏差大）　　标准照片
原因分析	（1）安装前未进行标记或放线。 （2）安装过程中未对油管水平度、垂直度、间距等参数进行复测。
规范要求	《水利水电工程启闭机设计规范》（SL 41—2018） 　　7.6.2　油管设计应符合下列规定： 　　5　油管应采用管夹可靠固定，管道的布置间距应满足管路、阀门、法兰等的安装、操作和维修要求。 《水利水电工程启闭机制造安装及验收规范》（SL 381—2007） 　　7.4.1　产品到达现场应经检查、开箱验收后，方可进行安装。 　　7.4.2　液压启闭机机架的横向中心线与实际起吊中心线的距离不应超过 ±2.0mm，高程偏差不应超过 ±5.0mm，双吊点液压启闭机，支承面的高差不超过 ±0.5mm。 　　7.4.4　吊装液压缸时，应采取防止变形的措施，根据液压缸直径、长度和重量决定支点或吊点个数，所有支点处应采用垫木支撑。 　　7.4.5　现场安装管路进行整体循环油冲洗，冲洗速度宜达到紊流状态，滤网过滤精度应不低于 10μm，冲洗时间不少于 30min。 　　7.4.6　调整上下限位点及充水接点，高度指示装置显示的数据能正确表示出闸门所处位置。 　　7.4.7　现场注入的液压油型号、油量及油位应符合设计要求，液压油过滤精度应不低于 20μm。
标准工序	管路预布管→管接头预装→管道清洗酸洗→按需要分割管道→管接头安装和管路布管→密闭性试验。
预防措施	安装前进行标记定位，安装过程中保证油管安装的水平度、垂直度、间距。
处理措施	对偏差过大的管路重新安装。

8.2.3 管道连接处漏水

通病描述	管道法兰连接密封不严。
典型照片	  问题照片　　　　　　　　标准照片 （问题照片标注：管道法兰连接不密闭、漏水）
原因分析	（1）安装质量不合格。接头连接部位安装工艺不符合规范要求，未按设计及规范要求进行相关压力试验检测。 （2）工人技能水平差。施工人员未领会安装工艺手法，技能水平差，未进行相关安装参数复测。
规范要求	《法兰接头安装技术规定》（GB/T 38343—2019） 6　安装 6.1　一般规定 6.1.1　本章规定了承压设备法兰接头安装过程的基本内容。安装作业前应针对具体作业情况编写安装程序文件，安装人员应严格按照安装程序文件的规定对相应的法兰接头实施安装。 6.1.2　安装程序文件中应规定螺栓安装载荷、所使用的工具以及是否润滑螺纹啮合面和螺母承压表面等，内容至少包括法兰接头（法兰、垫片、紧固件）型式参数、清理和检查要求、对中和调整要求、润滑要求、上紧工具、螺栓安装载荷（力或扭矩）或螺栓伸长量及其标定、上紧方式和顺序、检查要求和人员技能培训要求等。 6.1.3　当组装法兰出现超标偏差时，不得强力组装。 6.1.4　安装所使用的螺栓上紧工具应定期检定或校准合格；并在有效期内使用。 6.1.5　螺栓安装载荷、螺栓伸长量的标定应符合下列规定： a）安装作业前，螺栓安装载荷应按 6.4.3 及 6.4.5 的规定进行标定或工艺评定，据此确定相应的螺栓上紧操作规程。螺栓安装载荷的标定方法可采用轴力计、超声检测等方式或按用户特殊规定。

续表

规范要求	b）通过螺栓安装载荷、螺栓伸长量的标定或工艺评定，确定螺栓扭矩控制法上紧螺栓的扭矩系数 K 或螺栓拉伸控制法上紧螺栓的螺栓伸长量和螺栓回弹比率。 c）当紧固件的型式参数、上紧工具及润滑剂发生变更时，应重新进行螺栓安装载荷、螺栓伸长量的标定或工艺评定。 d）螺栓安装载荷、螺栓伸长量的标定或工艺评定及其覆盖范围应取得用户及检验机构的认可。 6.1.6 法兰接头上裸露在外的螺栓螺纹部分应采用合适的润滑剂进行防护；以方便后续对法兰接头的拆除。 6.1.7 安装完工后，应及时做好安装记录及检验、维修记录。 6.1.8 按本标准规定从事法兰接头安装的作业人员应经专门技能培训合格（包括操作训练等）。作业人员的能力培训内容应与其所从事的工作内容、方法及技能要求相当。 6.1.9 技能培训的内容、获得技能范围、实施机构等信息应建立档案资料，并记录在质量管理体系中。
标准工序	法兰片接头面清理→法兰片调平对准→全部螺栓孔初穿螺栓→同方向按顺序进行偶数倍对称螺栓同时拧紧→平整性检查→密闭试验。
预防措施	（1）点焊找正。点焊法兰时用角尺进行检查找正，确保管子与法兰垂直且符合设计要求。 （2）法兰间垫片要求。法兰间垫片材质和厚度应符合设计和规范要求；垫片安装时不准加两层，位置不得偏斜；垫片表面不得有沟纹、断裂等缺陷；加垫片前法兰密封面应清理干净。 （3）焊接程序要求。加垫片时应涂黑铅粉和其他涂料，不允许加垫片后再焊接法兰。 （4）法兰连接件要求。法兰连接螺栓要符合设计规定，拧紧螺栓时要对称，并成十字交叉进行，每个螺栓要分 2～3 次拧紧；用于高温管道时，螺栓要涂上铅粉。 （5）螺栓加固后要求。法兰连接螺栓两头露出部分应齐平，一般露出 2～3 扣丝扣。 （6）管道要对口基本一致。带法兰的管道不得强力对口。 （7）试运行正常。管道安装完后应做严密性试验检测，检查管道有无渗漏。
处理措施	（1）拆卸检查。将不密闭的法兰拆卸下来，检查变形程度。 （2）清理再安装。若法兰变形轻微，则清理一下法兰，按标准工序重新安装。 （3）更换再安装。若法兰变形严重，则更换法兰，按标准工序重新安装。

8.3 水机设备

8.3.1 水泵外防腐涂层脱落、锈蚀等质量不合格现象	
通病描述	水泵防腐质量不符合规范要求。
典型照片	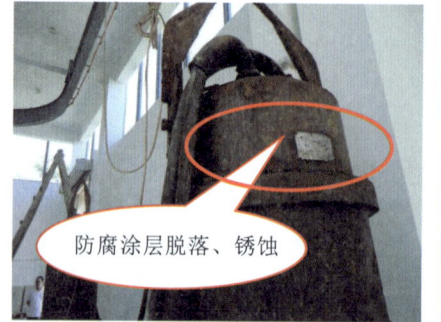  问题照片　　　　　　　　标准照片
原因分析	（1）材料不合格。防腐材料不满足设计要求。 （2）施工人员操作不符合工艺要求。防腐涂层厚度、涂刷次数不满足设计要求，未按工艺要求进行防腐作业。 （3）施工环境不满足规定要求。水泵表面未清除干净，施工周边环境不满足要求，运输过程中磕碰严重。
规范要求	《水工金属结构防腐蚀规范》（SL 105—2007） 3.1.1　水工金属结构在涂装之前应进行表面预处理。 3.1.2　设计文件应明确规定表面预处理清洁度和表面粗糙度级别。 3.1.3　表面预处理过程中，工作环境的空气相对湿度应低于85%或基体金属表面温度不低于露点以上3℃。 3.1.4　在不利的气候条件下，应采取遮盖、采暖或输入净化干燥的空气等措施，以满足对工作环境的要求。
标准工序	表面预处理粗糙度到达标准→防腐面清理干净→喷漆→油漆干透后喷下道油漆→多遍喷涂达到设计油漆厚度。
预防措施	（1）更换原材料。对于不满足设计要求的防腐材料，全部进行更换。 （2）严把质量关。加强对施工人员的技术培训、技术交底，严格按安装工艺要求进行防腐作业。 （3）创造有利的施工环境。在不同气候条件下，积极采取相应的应对措施，达到或满足工作环境要求。 （4）加强验收交付前的设备保养。安装完成验收交付前，须定期对设备金属表面锈蚀处进行除锈防腐处理。

续表

处理措施	将缺陷部位及其周边位置的防腐涂层去除，再用清洗液把灰尘抹干净，重新进行防腐涂层施工。

8.3.2 水泵安装精度不达标，中心线偏差大

通病描述	水泵安装偏离中心线，精度不满足要求。
典型照片	  问题照片　　　　　　标准照片（水泵中心线偏差大）
原因分析	（1）安装工艺不符合要求。施工人员未领会图纸意图，安装工艺不符合规范要求。 （2）加固不牢靠。未按规定对水泵进行紧固。 （3）预留孔洞偏移过大。
规范要求	《水利水电工程单元工程施工质量验收评定标准——水力机械辅助设备系统安装工程》（SL 637—2012） 5.2.2　离心泵试运转应符合下列要求： 1　离心泵在额定负荷下试运转不小于2h。 2　各固定连接部位无松动、渗漏现象。 3　转子及各运动部件运转正常，无异常声响和摩擦现象。 4　附属系统的运转正常，管道连接牢固无渗漏。 5　滑动轴承的温度不大于70℃，滚动轴承的温度不大于80℃。 6　各润滑点的润滑油温度、密封液和冷却水的温度均符合设备技术文件的规定。 7　机械密封的泄漏量不大于5mL/h，填料密封的泄漏量不大于表5.2.2的规定，且温升正常。 8　水泵压力、流量符合设计规定。 9　需要测量轴承体处振动值的水泵，在运转无空蚀的条件下测量；振动速度有效值的测量方法按GB/T 10889的有关规定执行。

续表

规范要求	10 电动机电流不超过额定值。 11 安全保护和电控装置及各部分仪表均灵敏、正确、可靠。 表 5.2.2　　　　　　　填料密封的泄漏量允许值 | 水泵设计流量（m³/h）	≤50	50~100	100~300	300~1000	>1000 | |---|---|---|---|---|---| | 泄漏量（mL/min） | 15 | 20 | 30 | 40 | 60 |
标准工序	安装垫铁→放线找平→清洗检查离心泵→整体安装→安装机械密封件→灌浆。
预防措施	（1）技术交底仔细。为了让施工人员完全领会设计图纸和设备技术要求，加强技术交底，避免安装过程中工艺的不规范。 （2）加固螺栓。施工过程中，增加二次环节的螺栓加固，避免水泵运行当中螺栓松动，防止事故发生。
处理措施	（1）重新安装调试。对于小偏差，可以进行加固或者拧松进行小范围调试；对于大偏差，必须拆装，重新进行安装调试，并严格按照设计图纸和技术标准施工。 （2）加强技术培训、质量控制。对施工人员、质量管理人员要加强培训和考核，提升相关工作人员的技术素质。

8.3.3　水泵运转存在异常声响、振动

通病描述	水泵运转存在异常声响、振动。
典型照片	 问题照片　　 标准照片

续表

原因分析	（1）安装精度不符合要求。施工人员未领会图纸意图，安装工艺不符合规范要求，紧固不牢，精度不达标。 （2）安装后对相关数据测量、质量控制不严。 （3）水泵运行工况不满足设计要求。水泵实际运行工况、流道等无法满足设计要求，引起水泵异常声响、振动过大。 （4）水泵轴承磨损或叶轮松动，产品质量差。
规范要求	《水利水电工程单元工程施工质量验收评定标准——水力机械辅助设备系统安装工程》（SL 637—2012） 5.2.2　离心泵试运转应符合下列要求： 1　离心泵在额定负荷下试运转不小于 2h。 2　各固定连接部位无松动、渗漏现象。 3　转子及各运动部件运转正常，无异常声响和摩擦现象。 4　附属系统的运转正常，管道连接牢固无渗漏。 5　滑动轴承的温度不大于 70℃，滚动轴承的温度不大于 80℃。 6　各润滑点的润滑油温度、密封液和冷却水的温度均符合设备技术文件的规定。 7　机械密封的泄漏量不大于 5mL/h，填料密封的泄漏量不大于表 5.2.2 的规定，且温升正常。 8　水泵压力、流量符合设计规定。 9　需要测量轴承体处振动值的水泵，在运转无空蚀的条件下测量；振动速度有效值的测量方法按 GB/T 10889 的有关规定执行。 10　电动机电流不超过额定值。 11　安全保护和电控装置及各部分仪表均灵敏、正确、可靠。 表 5.2.2　　填料密封的泄漏量允许值 | 水泵设计流量（m^3/h）	≤50	50~100	100~300	300~1000	>1000
---	---	---	---	---	---
泄漏量（mL/min）	15	20	30	40	60	
标准工序	清洗检查离心泵→整体安装→测量泵体与叶轮间隙→测量叶轮与泵腔内间隙→测量滑动轴承与轴颈的顶间隙和测间隙→组装滚动轴承→安装机械密封件。
预防措施	（1）适当减小管道流量。检查修理吸水管，逐步减小流量检查振动和声响。 （2）降温。降低输送液体的温度。 （3）调整连接件所有部件、轴承。调整好水泵与电动机的同轴度，使其达到规范要求。 （4）加固进出水管。把进、出水管固定牢靠，必要时可增加支撑。

续表

预防措施	（5）紧固螺栓螺帽。拧紧地脚螺栓、螺帽。 （6）检查基础。固定好水泵基础。
处理措施	（1）更换有问题配件。修理或更换水泵轴、叶轮及平衡盘。 （2）重新安装调试。对于小偏差，可以进行加固或者拧松进行小范围调试；对于大偏差，必须拆装，重新进行安装调试，并严格按照设计图纸和技术标准施工。 （3）加强技术培训、质量控制。对施工人员、质量管理人员要加强培训和考核，提升相关工作人员的技术素质。

8.3.4 水泵叶片锈蚀、穿孔

通病描述	水泵叶片锈蚀、穿孔断裂。
典型照片	问题照片（叶片锈蚀、穿孔） / 标准照片
原因分析	（1）气蚀。叶轮局部压力下降低于被泵送液体的饱和压力产生压差。 （2）腐蚀。泵送液体含有酸碱物质，防腐材料不合格，发生局部腐蚀。 （3）磨蚀。固体颗粒集中于叶片出口区域并与叶片相撞。
标准工序	表面预处理粗糙度到达标准→防腐面清理干净→喷漆→油漆干透后喷下道油漆→多遍喷涂达到设计油漆厚度。
预防措施	（1）气蚀。增大吸入压力，降低液体温度、泵送液体产生的压差。 （2）腐蚀。使用合格防腐材料，对涂层防腐质量检测。 （3）磨蚀。使用抗磨材料叶轮，定期检查叶轮磨蚀情况。
处理措施	（1）检查腐蚀情况，对叶轮进行喷砂处理，去除氧化层，在修复表面区域将防腐材料涂抹均匀，涂抹完成后反复刮压。 （2）若损坏较重需按规范要求更换合格叶轮。